建筑设计制图
基础实例

第三版

何培斌 甘 民 姜佩言 编著

U0250783

化学工业出版社

·北京·

本书以怎样识读和绘制建筑工程图的实际操作为重点，主要内容包括绘图基础、投影的基本知识、立体、轴测投影、剖面图和断面图、建筑施工图、结构施工图、给排水施工图和建筑施工图实例；本书重点介绍了点、直线、平面、立体的基本投影原理，并运用这些基本的投影原理来学习绘制建筑工程图的基本方法和制图技巧，从而熟练地识读和绘制建筑工程图。

本次修订按照新的国家标准对全书内容、实例重新进行大量调整和修改，使本书内容更加丰富和完善。本书主要供有关土建工程技术人员学习怎样识读和绘制建筑工程图，还可作为高等院校本、专科土建类各专业、工程管理专业以及其他相近专业的参考教材，也可供其他类型的学校，如职工大学、函授大学、高等职业学校、电视大学、中等专业学校的有关专业选用。

本书第三版以新的国家或行业标准代替原标准，继续保留初版结构和特点，实例更多，实用性更强。本书第三版将继续伴随着广大读者，为提高建筑设计行业人员实际制图能力和水平做出新的努力。

图书在版编目（CIP）数据

建筑设计制图基础与实例/何培斌，甘民，姜佩言编
著. —3 版. —北京：化学工业出版社，2016.10
ISBN 978-7-122-28114-2

Ⅰ.①建…　Ⅱ.①何…②甘…③姜…　Ⅲ.①建筑
制图　Ⅳ.①TU204

中国版本图书馆 CIP 数据核字（2016）第 227598 号

责任编辑：朱　彤　　　　　　　　　　装帧设计：关　飞
责任校对：吴　静

出版发行：化学工业出版社（北京市东城区青年湖南街 13 号　邮政编码 100011）
印　　刷：北京市振南印刷有限责任公司
装　　订：北京国马装订厂
787mm×1092mm　1/16　印张 12½　字数 337 千字　2017 年 3 月北京第 3 版第 1 次印刷

购书咨询：010-64518888（传真：010-64519686）　　售后服务：010-64518899
网　　址：http://www.cip.com.cn
凡购买本书，如有缺损质量问题，本社销售中心负责调换。

定　　价：35.00 元

前　言

　　2007 年 7 月由何培斌、甘民、范幸义等编著的《建筑设计制图基础与实例》第一版出版，2008 年 1 月第二次印刷，2008 年 8 月第三次印刷，2009 年 4 月第四次印刷。

　　2010 年 2 月《建筑设计制图基础与实例》第二版出版。

　　本书第三版是在《建筑设计制图基础与实例》第二版基础上，吸取各使用本教材院校的反馈意见及总结自己的使用情况进行了修订。本次修订除了保持第一版、第二版的特色，修正了第一版、第二版中的某些疏漏与谬误外，按照新的国家标准，对第 1 章、第 5 章、第 6 章内容进行了大量修改，同时也对其他章节进行了必要修改，使本书内容与现阶段实际建筑施工图设计紧密结合，使本书内容更加丰富。

　　本书在重新修订过程中，仍然坚持以怎样识读和绘制建筑工程图的实际操作为重点，坚持突出科学性、时代性、工程实践性的编写原则，注重吸取工程技术界的新成果，为学习者推介富有时代特色的工程建筑施工图实例，有利于学习者增强创新意识，培养实践能力，使之学以致用，解决实际工程中遇到的问题。在内容的选择和组织上尽量做到主次分明、深浅恰当、详略适度、由浅入深、循序渐进，并注重图文并茂、言简意赅，方便有关土建类各专业的教师教学和学生自学。本次新修订第三版由重庆大学何培斌主编，参加编写的人员有：何培斌（第 1、2、3、6、9 章）、何清清（第 4 章）、邓暖（第 5 章）、甘民（第 7 章）、姜佩言（第 8 章）等。

　　限于水平，疏漏之处在所难免，敬请读者批评指正。

编著者
2016 年 11 月

第一版前言

  21世纪是科学技术飞速发展、知识更替日新月异的世纪。为了满足土建专业广大工程技术人员的需要及使在校学生尽快掌握识读和绘制建筑工程图的知识和技巧，专门编写了这本《建筑设计制图基础与实例》。本书主要供有关土建专业的技术人员学习识读和绘制建筑工程图，也可作为高等院校本、专科土建类各专业、工程管理专业以及其他相近专业的教学参考书，还可供其他类型学校，如职工大学、函授大学、高等职业学校、电视大学、中等专业学校的有关专业选用。

  本书在编写过程中，以怎样识读和绘制建筑工程图的实际操作为重点，坚持突出科学性、时代性、工程实践性的编写原则，注重吸取最新成果，为读者介绍富有时代特色的工程建筑施工图实例，有利于读者增强创新意识，培养实践能力以解决实际工程中遇到的问题。此外，在内容的选择和组织上，本书尽量做到主次分明、深浅恰当、详略适度、由浅入深、循序渐进；并注重图文并茂、言简意赅，方便读者自学。

  本书的主要特点如下。

  创新体系——本书从新的专业要求出发，从整体上考虑内容安排，吸收了编者多年来的实践经验，尤其是总结了近几年来课程教学改革实践成果。

  创新内容——本书十分注重内容更新，书中涉及的土建工程规范均采用近年来最新颁布的国家标准和行业规范；所用典型图例均选自有关设计院提供的最新实际工程资料，其中特别突出当前的工程实际，以适应新形势下土木工程人才的培养要求。

  创新手段——本书在编写内容中精选了三个富有时代特色的工程实例，通过对这些工程实例的具体分析、研讨，引导读者尽快掌握怎样识读和绘制建筑工程图，这是本书的一个亮点。

  本书由何培斌等编著，参加编写的有：何培斌（第1、3、6、8章），钱燕（第2章），于群力（第4章），徐可（第5章），甘民（第7章），范幸义（第9章）。限于编者水平，疏漏之处在所难免，敬请广大读者批评指正。

编者

2006年10月

第二版前言

2007年1月由何培斌、甘民、范幸义等编著的《建筑设计制图基础与实例》第一版出版，2008年1月第二次印刷，2008年8月第三次印刷，2009年4月第四次印刷。

本书是在《建筑设计制图基础与实例》第一版基础上，吸取各方反馈意见及总结编者自己的使用情况进行了修订。本次修订除了保持第一版的特色、修正了第一版中的某些疏漏与谬误外，还丰富了一些内容，更加注重理论与实际结合，精减了某些繁琐内容，并在章节上进行一些调整：在原第一版的第2章中精减了不太实用的一般位置直线求实长的内容；在原第一版的第3章中增加了与实际结合较强的平面截割平面立体、直线与平面立体相交、平面截割曲面立体、直线与曲面立体相交等内容；并将原第一版的第6章和第9章中的施工图实例进行了调整和更换。

本书在重新编写的过程中，以怎样识读和绘制建筑工程图的实际操作为重点，坚持突出科学性、时代性、工程实践性的编写原则，注重吸取工程技术界的最新成果，为学习者推介富有时代特色的工程建筑施工图实例，有利于学习者增强创新意识，培养实践能力，使之学以致用，解决实际工程中遇到的问题；在内容选择和组织上尽量做到主次分明、深浅恰当、详略适度、由浅入深、循序渐进并注重图文并茂、言简意赅，方便有关土建类各专业教师教学和学生自学。

本书由何培斌主编，参加编写的有：何培斌（第1、2、3、4、5、6、9章）、甘民（第7章）、姜佩言（第8章）。限于编者水平，疏漏之处在所难免，敬请读者批评指正。

编者
2009年12月

目　录

第1章 制图基础

1.1 制图工具及使用方法

建筑图样是建筑设计人员用来表达设计意图、交流设计思想的技术文件，是建筑物施工的重要依据。所有的建筑图都是运用建筑制图的基本理论和基本方法绘制的，都必须符合国家统一的建筑制图标准。传统的尺规作图是现代计算机绘图基础。本章将介绍制图工具的使用、常用的几何作图方法、建筑制图国家标准的一些基本规定，以及建筑制图的一般步骤等。

1.1.1 图板

图板用于画图时的垫板。要求板面平坦、光洁。左边是导边，必须保持平整（图1-1）。图板的大小有各种不同规格，可根据需要选定。0号图板适用于画A0号图纸，1号图板适用于画A1号图纸，四周还略有宽余。图板放在桌面上，板身宜与水平桌面成$10°\sim15°$倾斜。

图板不可用水刷洗和在日光下曝晒。

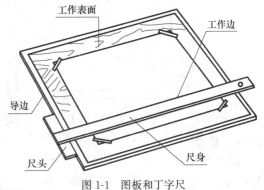

图1-1　图板和丁字尺

1.1.2 丁字尺

丁字尺由相互垂直的尺头和尺身组成（图1-1）。尺身要牢固地连接在尺头上，尺头的内侧面必须平直，用时应紧靠图板的左侧——导边。在画同一张图纸时，尺头不可以在图板的其他边滑动，以避免图板各边不成直角时，画出的线不准确。丁字尺的尺身工作边必须平直光滑，不可用丁字尺击物和用刀片沿尺身工作边裁纸。丁字尺用完后，宜竖直挂起来，以避免尺身弯曲变形或折断。

丁字尺主要用于画水平线，并且只能沿尺身上侧画线。作图时，左手把住尺头，使它始终紧靠图板左侧，然后上下移动丁字尺，直至工作边对准要画线的地方，再从左向右画水平线。画较长的水平线时，可把左手滑过来按住尺身，以防止尺尾翘起和尺身摆动（图1-2）。

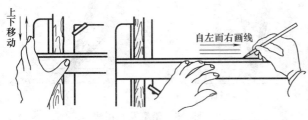

图1-2　上下移动丁字尺及画水平线的手势

1.1.3 三角尺

一副三角尺有$30°$、$60°$、$90°$和$45°$、$45°$、$90°$两块，且后者的斜边等于前者的长直角边。三角尺除了直接用来画直线外，还可以配合丁字尺画铅垂线和画$30°$、$45°$、$60°$及$15°\times n$的各种斜线（图1-3）。

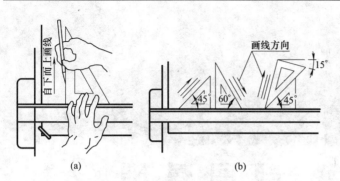

图1-3 用三角尺和丁字尺配合画垂直线和各种斜线

画铅垂线时，先将丁字尺移动到所绘图线的下方，把三角尺放在应画线的右方，并使一直角边紧靠丁字尺的工作边，然后移动三角尺，直到另一直角边对准要画线的地方，再用左手按住丁字尺和三角尺，自下而上画线［图1-3（a）］。

丁字尺与三角尺配合画斜线及两块三角尺配合画各种斜度的相互平行或垂直的直线时，其运笔方向如图1-3（b）和图1-4所示。

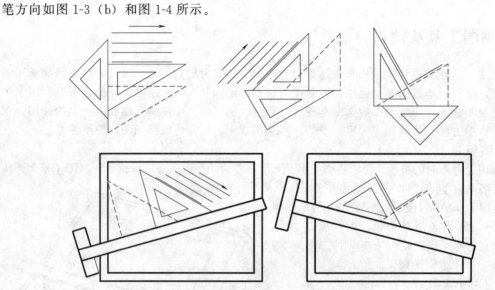

图1-4 用三角尺画平行线及垂直线

1.1.4 铅笔

绘图铅笔有各种不同的硬度。标号B、2B、……、6B表示软铅芯，数字越大，表示铅芯越软。标号H、2H、……、6H表示硬铅芯，数字越大，表示铅芯越硬。标号HB表示中软。画底稿宜用H或2H，徒手作图可用HB或B，加重直线用H、HB（细线）、HB（中粗线）、B或2B（粗线）。铅笔尖应削成锥形，芯露出6～8mm。削铅笔时要注意保留有标号的一端，以便始终能识别其软硬度（图1-5）。使用铅笔绘图时，用力要均匀，用力过大会划破图纸或在纸上留下凹痕，甚至折断铅芯。画长线时要边画边转动铅笔，使线条粗细一致。画线

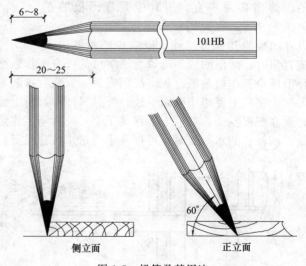

图1-5 铅笔及其用法

时，从正面看笔身应倾斜约 60°，从侧面看笔身应铅直（图 1-5）。持笔的姿势要自然，笔尖与尺边距离始终保持一致，线条才能画得平直准确。

1.1.5 圆规、分规

（1）圆规

圆规是用来画圆及圆弧的工具（图 1-6）。圆规的一腿为可紧固的活动钢针，其中有台阶状的一端多用来加深图线时用。另一腿上附有插脚，根据不同用途可换上铅芯插脚、鸭嘴笔插脚、针管笔插脚、接笔杆（供画大圆用）。画图时应先检查两脚是否等长，当针尖插入图板后，留在外面的部分应与铅芯尖端平（画墨线时，应与鸭嘴笔脚平），如图 1-6（a）所示。铅芯可磨成约 65° 的斜截圆柱状，斜面向外，也可磨成圆锥状。

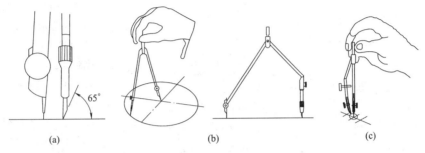

(a)   (b)   (c)

图 1-6 圆规的针尖和画圆的姿势

画圆时，首先调整铅芯与针尖的距离等于所画圆的半径，再用左手食指将针尖送到圆心上轻轻插住，尽量不使圆心扩大，并使笔尖与纸面的角度接近垂直；然后右手转动圆规手柄，转动时，圆规应向画线方向略微倾斜，速度要均匀，沿顺时针方向画圆，整个圆一笔画完。在绘制较大的圆时，可将圆规两插杆弯曲，使它们仍然保持与纸面垂直，如图 1-6（b）所示。直径在 10mm 以下的圆，一般用点圆规来画。使用时，右手食指按顶部，大拇指和中指按顺时针方向迅速地旋动套管，画出小圆，如图 1-6（c）所示。需要注意的是，画圆时必须保持针尖垂直于纸面，圆画出后，要先提起套管，然后拿开点圆规。

（2）分规

分规是截量长度和等分线段的工具，它的两腿必须等长，两针尖合拢时应会合成一点，如图 1-7（a）所示。

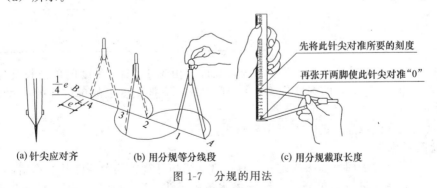

(a) 针尖应对齐   (b) 用分规等分线段   (c) 用分规截取长度

图 1-7 分规的用法

用分规等分线段的方法如图 1-7（b）所示。例如，分线段 AB 为 4 等份，先凭目测估计，将分规两脚张开，使两针尖的距离大致等于 $\frac{1}{4}AB$，然后交替两针尖划弧，在该线段上截取 1、2、3、4 等分点；假设点 4 落在 B 点以内，距差为 e，这时可将分规再开 $\frac{1}{4}e$，再行试分，若仍有差额（也可能超出 AB 线外），则照样再调整两针尖距离（或加或减），直到恰好等分为止。

用分规截取长度的方法如图 1-7（c）所示。

1.1.6 比例尺

比例尺是用来放大或缩小线段长度的尺子。有的比例尺做成三棱柱状，称为三棱尺。三棱尺上刻有六种刻度，通常分别表示 1：100、1：200、1：300、1：400、1：500、1：600。有的做成直尺形状（图 1-8），称为比例尺，它只有一行刻度和三行数字，表示三种比例，即 1：100、1：200、1：500。比例尺上的数字以 m 为单位。现以比例直尺为例，说明其用法。

① 用比例尺量取图上线段长度。已知图的比例为 1：200，要知道图上线段 AB 的实长，就可以用比例尺上 1：200 的刻度去量读。将刻度上的零点对准 A 点，而 B 点恰好在刻度 4.2m 处，则线段 AB 的长度可直接读得 4.2m，即 4200mm。

② 用比例尺上的 1：200 的刻度量读比例是 1：2、1：20 和 1：2000 的线段长度。例如，AB 线段的比例如果改为 1：2，由于比例尺 1：200 刻度的单位长度比 1：2 缩小了 100 倍，则 AB 线段的长度应读为 $4.2 \times \dfrac{1}{100} = 0.042\text{m}$，同样，比例改为 1：2000，则应读为 $4.2 \times 10 = 42\text{m}$。

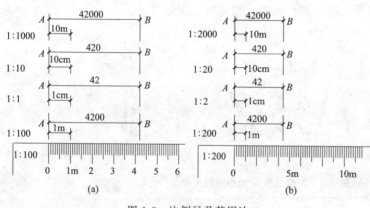

图 1-8 比例尺及其用法

上述量读方法可归结为表 1-1。

表 1-1 量读方法

比 例		读 数
比例尺刻度	1：200	4.2m
图中线段比例	1：2（分母后少两位零）	0.042m（小数点前移两位）
	1：20（分母后少一位零）	0.42m（小数点前移一位）
	1：2000（分母后多一位零）	42m（小数点后移一位）

③ 用 1：500 的刻度量读 1：250 的线段长度。由于 1：500 刻度的单位长度比 1：250 缩小 2 倍，所以把 1：500 的刻度作为 1：250 用时，应把刻度上的单位长度放大 2 倍，即 10m 当作 5m 用。

比例尺是用来量取尺寸的，不可用来画线。

1.1.7 绘图墨水笔

绘图墨水笔是过去用来描图的主要工具，现在采用计算机绘图后已基本不用，但仍有学校学生练习，故在此进行简单介绍。绘图墨水笔的笔尖是一支细的针管，又名针管笔（图 1-9）。绘图墨水笔能像普通钢笔一样吸取墨水。笔尖的管径从 0.1mm 到 1.2mm，有多种规格，可视线型粗细而选用。使用时应注意保持笔尖清洁。

1.1.8 建筑模板

建筑模板主要用来画各种建筑标准图例和常用符号，如柱、墙、门开启线、大便器、污水盆、详图索引符号、轴线圆圈等。模板上刻有可以画出各种不同图例或符号的孔（图

图 1-9　绘图墨水笔

1-10），其大小已符合一定的比例，只要用笔沿孔内画一周，图例就画出来了。

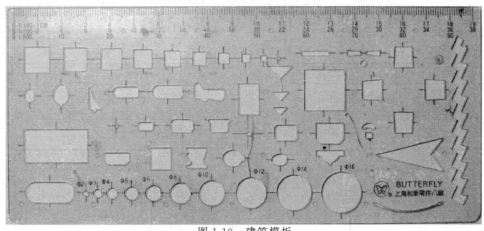

图 1-10　建筑模板

1.2　图幅、线型、字体及尺寸标注

1.2.1　图幅、图标及会签栏

图幅即图纸幅面，指图纸的大小规格。为了便于图纸的装订、查阅和保存，满足图纸现代化管理要求，图纸的大小规格应力求统一。建筑工程图纸的幅面及图框尺寸应符合中华人民共和国国家标准《房屋建筑制图统一标准》GB/T 50001—2010 规定（以下简称《房屋建筑制图统一标准》），如表 1-2。表中数字是裁边后的尺寸，尺寸代号的意义如图 1-11 所示。

表 1-2　幅面及图框尺寸（摘自 GB/T 50001—2010）

尺寸代号　　　　幅面代号	A0	A1	A2	A3	A4
$b/\mathrm{mm} \times l/\mathrm{mm}$	841×1189	594×841	420×594	297×420	210×297
c/mm	10			5	
a/mm	25				

图幅分横式和立式两种。从表 1-2 中可以看出 A1 号图幅是 A0 号图幅的对折，A2 号图幅是 A1 号图幅的对折，其余类推，上一号图幅的短边，即是下一号图幅的长边。

建筑工程一个专业所用的图纸应整齐统一，选用图幅时宜以一种规格为主，尽量避免大小图幅掺杂使用。一般不宜多于两种幅面，目录及表格所采用的 A4 幅面，可不在此限。

在特殊情况下，允许 A0～A3 号图幅按表 1-3 的规定加长图纸的长边，但图纸的短边不得加长。

图纸的标题栏（简称图标）和装订边的位置应按图 1-11 布置。

图标的大小及格式如图 1-12 所示。

会签栏应按图 1-13 的格式绘制在标题栏内相应的位置，栏内应填写会签人员所代表的专业、姓名及日期（年、月、日）；一个会签栏不够用时可另加一个，两个会签栏应并列；不需会签的图纸可不设此栏。

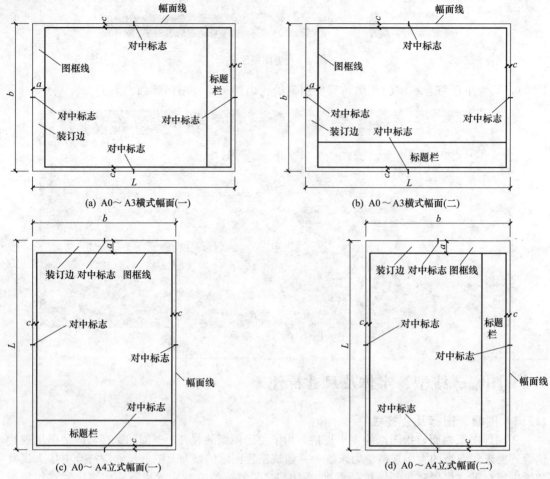

(a) A0～A3横式幅面(一)

(b) A0～A3横式幅面(二)

(c) A0～A4立式幅面(一)

(d) A0～A4立式幅面(二)

图 1-11　图幅格式

表 1-3　图纸长边加长尺寸（摘自 GB/T 50001—2010）

幅面代号	长边尺寸/mm	长边加长后尺寸/mm
A0	1189	1486（A0+1/4）　1635（A0+3/8）　1783（A0+1/2）　1932（A0+5/8）　2080（A0+3/4）　2230（A0+7/8）　2378（A0+1）
A1	841	1051（A1+1/4）　1261（A1+1/2）　1471（A1+3/4）　1682（A1+1）　1892（A1+5/4）　2102（A1+3/2）
A2	594	743（A2+1/4）　891（A2+1/2）　1041（A2+3/4）　1189（A2+1）　1338（A2+5/4）　1486（A2+3/2）　1635（A2+7/4）　1783（A2+2）　1932（A2+9/4）　2080（A2+5/2）
A3	420	630（A3+1/2）　841（A3+1）　1051（A3+3/2）　1261（A3+2）　1471（A3+5/2）　1682（A3+3）　1892（A3+7/2）

注：有特殊需要的图纸，可采用 $b \times l$ 为 841mm×891mm 与 1189mm×1261mm 的幅面。

学生制图作业可用标题栏推荐使用图 1-14 的格式。

1.2.2　线型

任何建筑图样都是用图线绘制成的，因此，熟悉图线的类型及用途，掌握各类图线的画法是建筑制图最基本的技能。

为了使图样清楚、明确，建筑制图采用的图线分为实线、虚线、单点长画线、双点长画线、折断线和波浪线六类，其中前四类线型按宽度不同又分为粗、中、细三种，后两类线型一般均为细线。各类线型的规格与用途见表 1-4。

设计单位名称区	注册师签章区	项目经理签章区	修改记录区	工程名称区	图号区	签字区	会签栏

图 1-12 标题栏（图标）

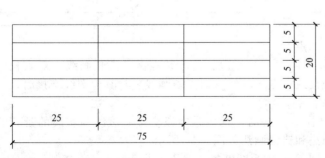

图 1-13 会签栏

图 1-14 学生制图作业
用标题栏推荐
格式（单位：mm）

表 1-4　各类线型的规格与用途（摘自 GB/T 50001—2010）

名　称		线　型	线　宽	一　般　用　途
实线	粗		b	主要可见轮廓线
	中粗		$0.7b$	可见轮廓线
	中		$0.5b$	可见轮廓线
	细		$0.25b$	可见轮廓线、图例线等
虚线	粗	3～6≤1	b	见各有关专业制图标准
	中粗		$0.7b$	不可见轮廓线
	中		$0.5b$	不可见轮廓线、图例线等
	细		$0.25b$	不可见轮廓线、图例线等
单点长画线	粗	≤3　15～20	b	见各有关专业制图标准
	中		$0.5b$	见各有关专业制图标准
	细		$0.25b$	中心线、对称线等
双点长画线	粗	15　15～20	b	见各有关专业制图标准
	中		$0.5b$	见各有关专业制图标准
	细		$0.25b$	假想轮廓线、成型前原始轮廓线
折断线			$0.25b$	断开界线
波浪线			$0.25b$	断开界线

　　图线的宽度 b，应从下列线宽系列中选取：1.4mm、1.0mm、0.7mm、0.5mm、0.35mm、0.25mm、0.18mm、0.13mm。图线宽度不应小于0.1mm。每个图样，应根据复杂程度与比例大小，先选定基本线宽 b，再按表1-5确定相应的线宽组。在同一张图纸中，相同比例的各图样，应选用相同的线宽组。虚线、单点长画线及双点长画线的线段长度和间隔，应根据图样的复杂程度和图线的长短来确定，但宜各自相等，表1-5中所示线段的长度和间隔尺寸可作参考。当图样较小，用单点长画线和双点长画线绘图有困难时，可用实线代替。

表 1-5　线宽组

线 宽 比	线　宽　组/mm			
b	1.4	1.0	0.7	0.5
$0.7b$	1.0	0.7	0.5	0.35
$0.5b$	0.7	0.5	0.35	0.25
$0.25b$	0.35	0.25	0.18	0.13

注：1. 需要缩微的图纸，不宜采用0.18mm及更细的线宽。
2. 同一张图纸内，各不同线宽中的细线，可统一采用较细的线宽组的细线。

　　图纸的图框线和标题栏线，可采用表1-6中所示的线宽。

表 1-6　图框线、标题栏线的宽度

幅面代号	图框线宽度/mm	标题栏外框线宽度/mm	标题栏分格线、会签栏线宽度/mm
A0、A1	b	$0.5b$	$0.25b$
A2、A3、A4	b	$0.7b$	$0.35b$

　　此外在绘制图线时还应注意以下几点。

　　① 单点长画线和双点长画线的首末两端应是线段，而不是点。单点长画线（双点长画线）与单点长画线（双点长画线）交接或单点长画线（双点长画线）与其他图线交接时，应是线段交接。

　　② 虚线与虚线交接或虚线与其他图线交接时，都应是线段交接。虚线为实线的延长线时，不得与实线连接。虚线的正确画法和错误画法如图1-15所示。

　　③ 相互平行的图线，其间距不宜小于其中粗线宽度，且不宜小于0.7mm。

　　④ 图线不得与文字、数字或符号重叠、混淆，不可避免时，应首先保证文字等的清晰。

1.2.3　字体

　　图纸上所需书写的文字、数字或符号等，均应笔划清晰、字体端正、排列整齐，标点符

号应清楚正确，如果字迹
潦草，难于辨认，则容易
发生误解，甚至造成工程
事故。

图样及说明中的汉字
一般应写成长仿宋体，大
标题、图册封面、地形图
等的汉字，也可以写成其
他字体，但应易于辨认。
汉字的简化写法，必须遵
照国务院公布的《汉字简
化方案》和有关规定。

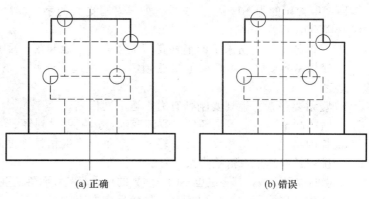

(a) 正确　　　　　　　　　(b) 错误

图 1-15　虚线交接的画法

（1）长仿宋字体

长仿宋字体是由宋体字演变而来的长方形字体，它的笔划匀称明快，书写方便，因而是
工程图纸最常用字体。写仿宋字（长仿宋体）的基本要求，可概括为"行款整齐、结构匀
称、横平竖直、粗细一致、起落顿笔、转折勾棱"。

长仿宋体字样如图 1-16 所示。

① 字体的格式　为了使字写得大小一致、排列整齐，书写前应事先用铅笔淡淡地打好
字格，再进行书写。字格高宽比例一般为 3：2。为了使字行清楚，行距应大于字距。通常
字距约为字高的 1/4，行距约为字高的 1/3（图 1-17）。

建筑设计结构施工设备水电暖风平立侧断剖切面总详标准草略正反迎
背新旧大中小上下内外纵横垂直完整比例年月日说明共编号寸分吨斤厘毫
甲乙丙丁戊己表庚辛红橙黄绿青蓝紫黑白方粗细硬软镇郊区域规划截道桥
梁房屋绿化工业农业民用居住共厂址车间仓库无线电人民公社农机粮畜舍
晒谷厂商业服务修理交通运输行政办宅宿舍公寓卧室厨房厕所贮藏浴室食
堂饭厅冷饮公从餐馆百货店菜场邮局旅客站航空海港口码头长途汽车行李
候机船检票学校实验室图书馆文化宫运动场体育比赛博物馆走廊过道盥洗
楼梯层数壁橱基础底层墙踢脚阳台门散水沟窗格

图 1-16　长仿宋体字样

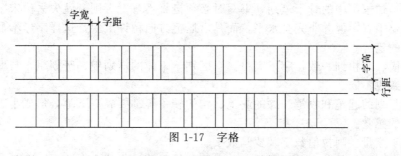

图 1-17　字格

字的大小用字号来表示，字的号数即字的高度，各号字的高度与宽度的关系见表 1-7。

表 1-7　字号

字　号	20	14	10	7	5	3.5
字　高	20	14	10	7	5	3.5
字　宽	14	10	7	5	3.5	2.5

图纸中常用的为 10、7、5 三号。如需书写更大的字，其高度应按 $\sqrt{2}$ 的比值递增。汉字的字高应不小于 3.5mm。

② 字体的笔划　仿宋字的笔划要横平竖直，注意起落，现介绍常用笔划的写法及特征。

a. 横划基本要平，可略向上自然倾斜，运笔起落略顿一下笔，使尽端形成小三角，但应一笔完成。

b. 竖划要铅直，笔划要刚劲有力，运笔同横划。

c. 撇的起笔同竖，但是随斜向逐渐变细，运笔由重到轻。

d. 捺的运笔与撇笔相反，起笔轻而落笔重，终端稍顿笔再向右尖挑。

e. 挑划是起笔重，落笔尖细如针。

f. 点的位置不同，其写法也不同，多数的点是起笔轻而落笔重，形成上尖下圆的光滑形象。

g. 竖钩的竖同竖划，但要挺直，稍顿后向左上尖挑。

h. 横钩由两笔组成，横同横划，末笔应起重落轻，钩尖如针。

i. 弯钩有竖弯钩、斜弯钩和包钩，竖弯钩起笔同竖划，由直转弯过渡要圆滑，斜弯钩的运笔由轻到重再到轻，转变要圆滑，包钩由横划和竖钩组成，转折要勾棱，竖钩的竖划有时可向左略斜。

③ 字体的结构　形成一个完善结构的字的关键是各个笔划的相互位置要正确，各部分的大小、长短、间隔要符合比例，上下左右要匀称，笔划疏密要合适。为此，书写时应注意如下几点。

a. 撑格、满格和缩格　每个字最长笔划的棱角要顶到字格的边线。绝大多数字都应写满字格，这样可使单个的字显得大方，使成行的字显得均匀整齐。然而，有一些字写满字格，就会感到肥硕，它们置身于均匀整齐的字列当中，将有损于行款的美观，这些字就必须缩格。如"口、日"两字四周都要缩格，"工、四"两字上下要缩格，"目、月"两字左右要略为缩格等。同时，应注意"口、日、内、同、曲、图"等带框的字下方应略为收分。

b. 长短和间隔　字的笔划有繁简，如"翻"字和"山"字。字的笔划又有长短，像"非、曲、作、业"等字的两竖划左短右长，"土、于、夫"等字的两横划上短下长。又如"三"字、"川"字第一笔长、第二笔短、第三笔最长。因此，必须熟悉其长短变化，匀称地安排其间隔，字态才能清秀。

c. 缀合比例　缀合字在汉字中所占比重甚大，对其缀合比例的分析研究，也是写好仿宋字的重要一环。缀合部分有对称的或三等分的，如横向缀合的"明、林、辨、衍"等字，纵向缀合的"辈、昌、意、器"等字；偏旁、部首与其缀合部分约为一与二之比的如"制、程、筑、堡"等字。

横、竖是仿宋字中的骨干笔划，书写时必须挺直不弯。否则，就失去仿宋字挺拔刚劲的特征。横划要平直，但并非完全水平，而是沿运笔方向稍许上斜，这样字形不显死板，而且也适于手写的笔势。

仿宋字横、竖粗细一致，字形爽目。它区别于宋体的横划细、竖划粗，与楷体字笔划的粗细变化有致也不同。

横划与竖划的起笔和收笔、撇的起笔、钩的转角等都要顿一下笔，形成小三角形，给人以锋颖挺劲的感觉。

(2) 拉丁字母、阿拉伯数字及罗马数字

拉丁字母、阿拉伯数字及罗马数字的书写与排列等，应符合表 1-8 的规定。

表 1-8　拉丁字母、阿拉伯数字、罗马数字书写规则

项　目		一般字体	窄字体
字母高	大写字母	h	h
	小写字母(上下均无延伸)	$7/10h$	$10/14h$

续表

项 目		一般字体	窄字体
小写字母向上或向下延伸部分		3/10h	4/14h
笔划宽度		1/10h	1/14h
间隔	字母间	2/10h	2/14h
	上下行底线间最小间隔	14/10h	20/14h
	文字间最小间隔	6/10h	6/14h

注：1. 小写拉丁字母 a、c、m、n 等上下均无延伸，j 上下均有延伸。

2. 字母的间隔，如需排列紧凑，可按表中字母的最小间隔减少一半。

拉丁字母、阿拉伯数字可以直写，也可以斜写。斜体字的斜度是从字的底线逆时针向上倾斜 75°，字的高度与宽度应与相应的直体字相等。当数字与汉字同行书写时，其大小应比汉字小一号，并宜写直体。拉丁字母、阿拉伯数字及罗马数字的字高，应不小于 2.5mm。拉丁字母、阿拉伯数字及罗马数字分一般字体和窄字体，其运笔顺序如图 1-18 所示。

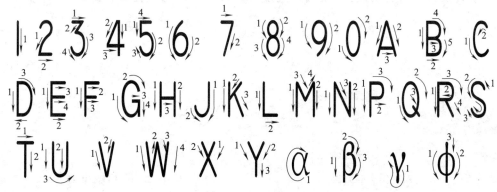

图 1-18 运笔顺序

字体书写练习要持之以恒，多看、多摹、多写，严格认真、反复刻苦地练习，自然熟能生巧。

1.2.4 尺寸标注

在建筑施工图中，图形只能表达建筑物的形状，建筑物各部分的大小还必须通过标注尺寸才能确定。房屋施工和构件制作都必须根据尺寸进行，因此尺寸标注是制图的一项重要工作，必须认真细致、准确无误，如果尺寸有遗漏或错误，必将给施工造成困难和损失。注写尺寸时，应力求做到正确、完整、清晰、合理。

现介绍建筑制图国家标准中有关尺寸标注的一些基本规定。

（1）尺寸的组成

建筑图样上的尺寸一般应由尺寸界线、尺寸线、尺寸起止符号和尺寸数字四部分组成，如图 1-19 所示。

① 尺寸界线是控制所注尺寸范围的线，应用细实线绘制，一般应与被注长度垂直；其一端应离开图样轮廓线不小于 2mm，另一端宜超出尺寸线 2～3mm。必要时，图样的轮廓线、轴线或中心线可用于尺寸界线（图 1-20）。

② 尺寸线是用来注写尺寸的，必须用细实线单独绘制，应与被注长度平行且不宜超出尺寸界线。任何图线或其延长线均不得用于尺寸线。

③ 尺寸起止符号一般应用中粗斜短线绘制，其倾斜方向应与尺寸界线成顺时针 45°角，长度宜为 2～3mm。半径、直径、角度和弧长的尺寸起止符号，宜用箭头表示（图 1-21）。

④ 建筑图样上的尺寸数字是建筑施工的主要依据，建筑物各部分的真实大小应以图样上所注写的尺寸数字为准，不得从图上直接量取。图样上的尺寸单位，除标高及总平面图以 m 为单位外，均必须以 mm 为单位，图中不需注写计量单位的代号或名称。本书正文和图中的尺寸数字，除有特别注明外，均按上述规定。

图 1-19 尺寸的组成和平行排列的尺寸

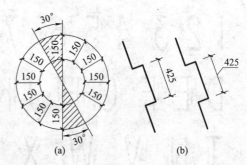

图 1-20 轮廓线用于尺寸界线

尺寸数字的读数方向，应按图 1-22（a）规定的方向注写，尽量避免在图中所示的 30°范围内标注尺寸，当实在无法避免时，宜按图 1-22（b）的形式注写。

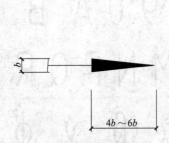

图 1-21 箭头的画法

图 1-22 尺寸数字读数方向

尺寸数字应依据其读数方向注写在靠近尺寸线的上方中部，如没有足够的注写位置，最外边的尺寸数字可注写在尺寸界线外侧，中间相邻的尺寸数字可错开注写，也可引出注写，如图 1-23 所示。

图线不得穿过尺寸数字，不可避免时，应将尺寸数字处的图线断开（图 1-24）。

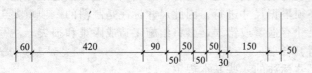

图 1-23 尺寸数字的注写位置

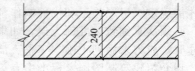

图 1-24 尺寸数字处图线应断开

（2）常用尺寸的排列、布置及注写方法

尺寸宜标注在图样轮廓线以外，不宜与图线、文字及符号等相交。相互平行的尺寸线，应从被注的图样轮廓线由近向远整齐排列，小尺寸应离轮廓线较近，大尺寸应离轮廓线较远。图样轮廓线以外的尺寸线，距图样最外轮廓线之间的距离，不宜小于 10mm。平行尺寸线的间距，宜为 7～10mm，并应保持一致，如图 1-19 所示。

总尺寸的尺寸界线应靠近所指部位，中间的分尺寸的尺寸界线可稍短，但其长度应相等（图 1-19）。半径、直径、球、角度、弧长、薄板厚度、坡度以及非圆曲线等常用尺寸的标注方法见表 1-9。

（3）尺寸的简化标注

① 杆件或管线的长度，在单线图（桁架简图、钢筋简图、管线图等）上，可直接将尺寸数字沿杆件或管线的一侧注写（图 1-25）。

② 连续排列的等长尺寸，可用"个数×等长尺寸＝总长"的形式标注（图 1-26）。

③ 构配件内的构造要素（如孔、槽等）如相同，可仅标注其中一个要素的尺寸（图 1-27）。

表 1-9　常用尺寸的标注方法

标注内容	图　例	说　明
角度		尺寸线应画成圆弧,圆心是角的顶点,角的两边为尺寸界线。角度的起止符号应以箭头表示,如没有足够的位置画箭头,可以用圆点代替。角度数字应水平方向书写
圆和圆弧		标注圆或圆弧的直径、半径时,尺寸数字前应分别加符号"ϕ"、"R",尺寸线及尺寸界线应按图例绘制
大圆弧		较大圆弧的半径可按图例形式标注
球面		标注球的直径、半径时,应分别在尺寸数字前加注符号"$S\phi$"、"SR",注写方法与圆和圆弧的直径、半径的尺寸标注方法相同
薄板厚度		在薄板板面标注板厚尺寸时,应在厚度数字前加厚度符号"δ"
正方形		除可用"边长×边长"外,也可在边长数字前加正方形符号"□"
坡		标注坡度时,在坡度数字下,应加注坡度符号,坡度符号的箭头,一般应指向下坡方向,坡度也可用直角三角形的形式标注
小圆和小圆弧		小圆的直径和小圆弧的半径可按图例形式标注

标注内容	图 例	说 明
弧长和弦长	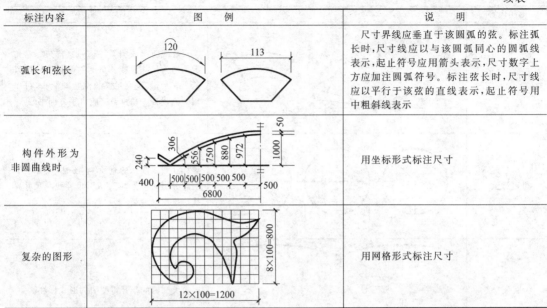	尺寸界线应垂直于该圆弧的弦。标注弧长时，尺寸线应以与该圆弧同心的圆弧线表示，起止符号应用箭头表示，尺寸数字上方应加注圆弧符号。标注弦长时，尺寸线应以平行于该弦的直线表示，起止符号用中粗斜线表示
构件外形为非圆曲线时		用坐标形式标注尺寸
复杂的图形		用网格形式标注尺寸

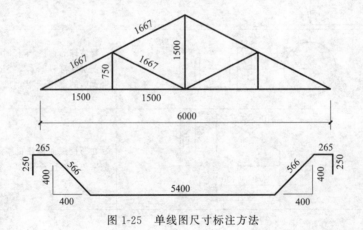

图 1-25 单线图尺寸标注方法

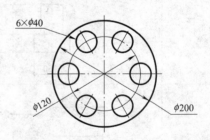

图 1-26 等长尺寸简化标注方法　　　　图 1-27 相同要素尺寸标注方法

　　④ 对称构配件采用对称省略画法时，该对称构配件的尺寸线应略超过对称符号，仅在尺寸线的一端画尺寸起止符号，尺寸数字应按整体全尺寸注写，其注写位置宜与对称符号对直（图 1-28）。

　　⑤ 两个构配件，如仅个别尺寸数字不同，可在同一图样中，将其中一个构配件的不同尺寸数字注写在括号内，该构配件的名称也应注写在相应的括号内（图 1-29）。

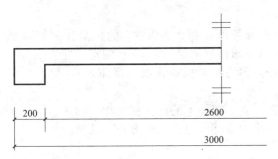

图 1-28　对称构件尺寸标注方法

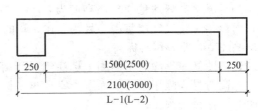

图 1-29　两个相似构件尺寸标注方法

⑥ 数个构配件，如仅某些尺寸不同，这些有变化的尺寸数字，可用拉丁字母注写在同一图样中；另列表格写明其具体尺寸（图 1-30）。

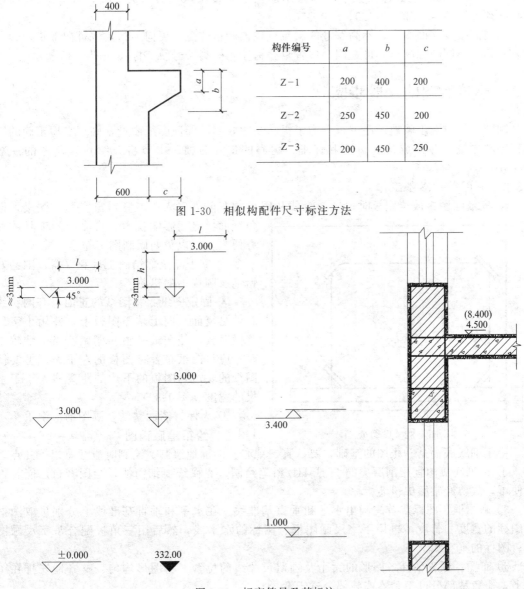

构件编号	a	b	c
Z-1	200	400	200
Z-2	250	450	200
Z-3	200	450	250

图 1-30　相似构配件尺寸标注方法

图 1-31　标高符号及其标注

（4）标高的注法

标高分绝对标高和相对标高。以我国青岛市外黄海海面为 ±0.000 的标高称为绝对标高，如世界最高峰珠穆朗玛峰高度为 8844.43m（中国国家测绘局 2005 年测定）即为绝对标高。而以某一建筑底层室内地坪为 ±0.000 的标高称为相对标高，如上海浦东 88 层的金茂大厦高 420m 即为相对标高。

建筑图样中，除总平面图上标注绝对标高外，其余图样上的标高都为相对标高。

标高符号，除用于总平面图上室外整平标高采用全部涂黑的三角形外，其他图面上的标高符号一律采用图 1-31 所示符号。

标高符号其图形为三角形或倒三角形，高约 3mm 左右，三角形尖部所指位置即为标高位置，其水平线的长度，根据标高数字长短定。标高数字以米为单位，总平面图上标注至小数点后 2 位数，如 8844.43；而其他任何图上标注至小数点后 3 位数，即毫米为止。如零点标高注成 ±0.000，正数标高数字前一律不加正号，如 3.000、2.700、0.900，负数标高数字前必须加注负号，如 −0.020、−0.450。

在剖面图及立面图中，标高符号的尖端，根据所指位置，可向上指，也可向下指，如同时表示几个不同的标高时，可在同一位置重叠标注，标高符号及其标注如图 1-31 所示。

1.3 建筑制图的一般步骤

制图工作应有步骤地循序进行。为了提高绘图效率，保证图纸质量，必须掌握正确的绘图程序和方法，并养成认真负责和仔细、耐心的良好习惯。本节将介绍建筑制图的一般步骤。

1.3.1 制图前的准备工作

① 安放绘图桌或绘图板时，应使光线从图板的左前方射入；不宜对窗安置绘图桌，以免纸面反光而影响视力。将需用的工具放在方便之处，以免妨碍制图工作。

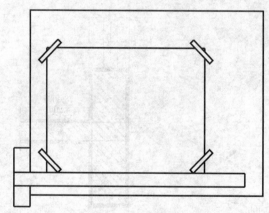

② 擦干净全部绘图工具和仪器，削磨好铅笔及圆规上的铅芯。

③ 固定图纸：将图纸的正面（有网状纹路的是反面）向上贴于图板上，并用丁字尺略微对齐，使图纸平整和绷紧。当图纸较小时，应将图纸布置在图板的左下方，但要使图纸的底边与图板的下边的距离略大于丁字尺的宽度（图 1-32）。

④ 为保持图面整洁，画图前应洗手。

图 1-32 贴图纸

1.3.2 绘铅笔底稿图

铅笔细线底稿是一张图的基础，要认真、细心、准确地绘制。绘制时应注意以下几点。

① 铅笔底稿图宜用削磨尖的 H 或 HB 铅笔绘制，底稿线要细而淡，绘图者自己能看得出便可，故要经常磨尖铅芯。

② 画图框、图标：首先画出水平和垂直基准线，在水平和垂直基准线上分别量取图框和图标的宽度和长度，再用丁字尺画图框、图标的水平线，然后用三角板配合丁字尺画图框、图标的垂直线。

③ 布图：预先估计各图形的大小及预留尺寸线的位置，将图形均匀、整齐地安排在图纸上，避免某部分过于紧凑或某部分过于宽松。

④ 画图形：一般先画轴线或中心线，其次画图形的主要轮廓线，然后画细部；图形完

第 1 章 制图基础

成后，再画尺寸线、尺寸界线等。材料符号在底稿中只需画出一部分或不画，待加深或上墨时再全部画出。对于需上墨的底稿，在线条的交接处可画出头一些，以便清楚地辨别上墨的起止位置。

1.3.3 铅笔加深的方法和步骤

在加深前，要认真校对底稿，修正错误和填补遗漏；底稿经查对无误后，擦去多余的线条和污垢。一般用 2B 铅笔加深粗线，用 B 铅笔加深中粗线，用 HB 铅笔加深细线、写字和画箭头。加深圆时，圆规的铅芯应比画直线的铅芯软一级。用铅笔加深图线用力要均匀，边画边转动铅笔，使粗线均匀地分布在底稿线的两侧，如图 1-33 所示。加深时还应做到线型正确、粗细分明，图线与图线的连接要光滑、准确，图面要整洁。

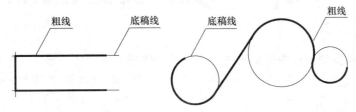

图 1-33　加深的粗线与底稿线的关系

加深图线的一般步骤如下。

① 加深所有的点画线。

② 加深所有粗实线的曲线、圆及圆弧。

③ 用丁字尺从图的上方开始，依次向下加深所有水平方向的粗实直线。

④ 用三角板配合丁字尺从图的左方开始，依次向右加深所有的铅垂方向的粗实直线。

⑤ 从图的左上方开始，依次加深所有倾斜的粗实线。

⑥ 按照加深粗实线同样的步骤加深所有的虚线曲线、圆和圆弧，然后加深水平、铅垂和倾斜的虚线。

⑦ 按照加深粗线的同样步骤加深所有的中实线。

⑧ 加深所有的细实线、折断线、波浪线等。

⑨ 画尺寸起止符号或箭头。

⑩ 加深图框、图标。

⑪ 注写尺寸数字、文字说明并填写标题栏。

17

第2章 投影的基本知识

立体图与观看实物所得的印象比较一致，其立体感强，容易看懂［图2-1（a）］，但不能准确地反映物体的真实形状和大小，因此不能满足工程的需要，不能作为施工用图。工程中多采用正投影图，用几个视图综合起来反映一个物体的形状和大小［图2-1（b）］。

一切物体都占有一定的空间，点、线、面是组成物体的基本几何元素。这些元素的构成所占有的空间部分称为形体。

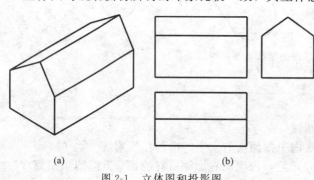

(a)　　　　　　(b)

图2-1　立体图和投影图

2.1 投影的概念

2.1.1 投影的定义

物体在光线的照射下，在地面、墙面等会产生影［图2-2（a）］。随着光线照射的角度和距离的变化，其影的位置和形状也会随之改变。影只能反映物体的轮廓而不能准确地反映其形状。人们从这些现象中认识到光线、物体和影之间存在一定的内在联系，并从中总结出一些规律，作为制图的方法和理论根据，即投影原理。

在图2-2（b）中，将物体称为形体，光源称为投影中心，通过物体顶点的光线称为投影线，落影平面称为投影面，过形体上各点的投影线（如SA）与投影面的交点（如a）称为点的投影。将相应各点的投影连接起来，即得到形体的投影。这样形成的平面图形称为投影图。这种形成投影的方法称为投影法。

2.1.2 投影法分类

根据投影中心与投影面的距离，投影法可分为两类。

（1）中心投影法

当投影中心（S）与投影面的距离有限时，由S点放射的投影线所产生的投影称为中心投影［图2-2（b）］。这种投影法称为中心投影法。

（2）平行投影法

当投影中心距投影面无穷远时，各投影线可视为互相平行，由此产生的投影称为平行投影（图2-3）。平行投影中光线的方向称为投影方向，这种投影法称为平行投影法。根据互相平行的投影线与投影面的夹角不同，平行投影可分为两种：投影线与投影面斜交时称为斜

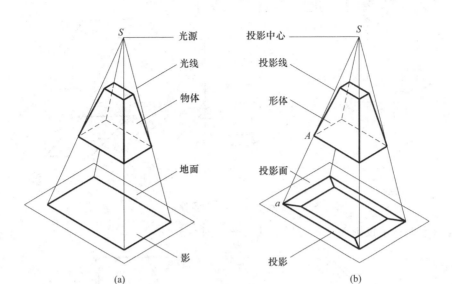

图 2-2　影和投影（中心投影）

投影［图 2-3（a）］；投影线与投影面垂直相交时称为正投影［图 2-3（b）］。

按照"观者-形体-投影"的顺序，在投影图上形体的可见轮廓线用实线表示，不可见轮廓线用虚线表示［图 2-3（a）］。

一般工程图都是按正投影的原理绘制的，为叙述方便起见，如无特殊说明，以后书中所指"投影"即"正投影"。

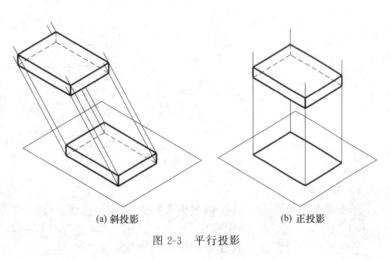

(a) 斜投影　　　　　(b) 正投影

图 2-3　平行投影

2.2　正投影的特征

一切物体都是由面（平面或曲面）组成的，而面可以视为线（直线或曲线）运动的轨迹，线又可以视为点运动的轨迹。因此下面先介绍点、线、面正投影的特征，然后介绍形体正投影的基本规律。本节仅介绍点、线、面正投影特征中的类似性、全等性和积聚性。

2.2.1　类似性

点的投影在任何情况下都是点［图 2-4（a）］。

直线的投影在一般情况下仍是直线。当直线倾斜于投影面时，其投影长度小于实长［图 2-4（b）］。

平面的投影在一般情况下仍是平面。当平面图形倾斜于投影面时，其投影小于实形且与实形类似（称为类似性）［图 2-4（c）］。

2.2.2　全等性

直线段平行于投影面，其投影反映实长［图 2-5（a）］。

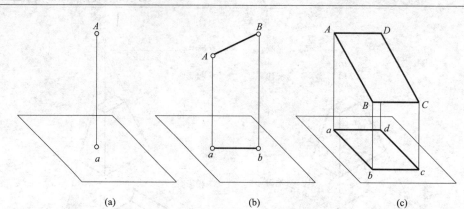

图 2-4　正投影的类似性

平面图形平行于投影面，其投影反映实形［图 2-5（b）］。

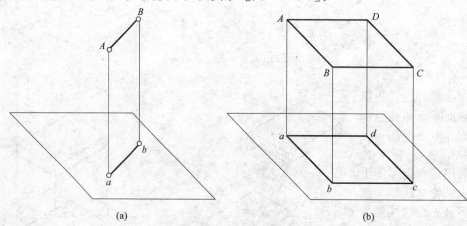

图 2-5　正投影的全等性

2.2.3　积聚性

直线垂直于投影面，其投影积聚成一点。属于直线上任一点的投影也积聚在该点上［图 2-6（a）］。

平面垂直于投影面，其投影积聚成一直线。属于平面上任一点、任一直线、任一图形的投影也都积聚在该直线上［图 2-6（b）］。

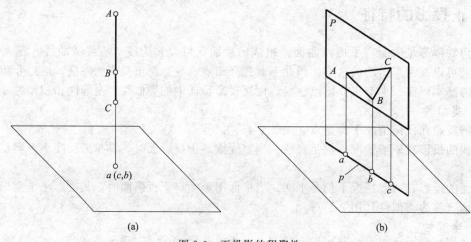

图 2-6　正投影的积聚性

2.3　三面正投影图

2.3.1　三面正投影图的形成

为了准确地将形体的形状和尺寸反映在平面的图纸上，仅作一个单面投影图是不够的，因为一个投影图仅能反映该形体某些面的形状，不能表现出形体的全部形状。如图 2-7 所示，三个不同的形体在投影面 H 上的投影完全相同，如无其他投影，就不能确定这些形体的全部形状。

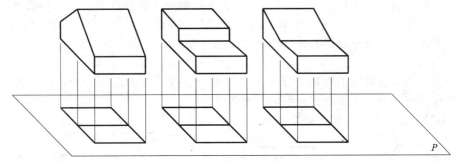

图 2-7　形体的单面投影图

如果将形体正放在三个互相垂直的投影面之间，并分别向三个投影面进行投影，就能得到该形体在三个投影面上的投影图，将这三个投影图结合起来观察，就能准确地反映出该形体的形状和大小［图 2-8（a）］。

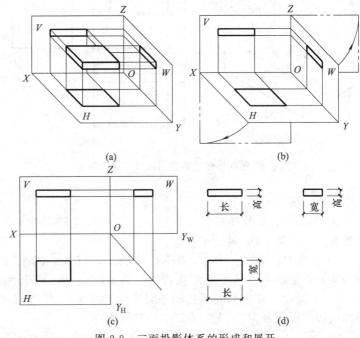

图 2-8　三面投影体系的形成和展开

这三个互相垂直的投影面分别为水平投影面（或称 H 面，用字母 H 表示）、正立投影面（或称 V 面，用字母 V 表示）和侧立投影面（或称 W 面，用字母 W 表示）。这三个投影面组合起来就构成了三面投影体系。三个投影面两两相交构成的三条轴称为 OX 轴、OY 轴、OZ 轴，三条轴的交点（O）称为原点。形体在三个投影面上的投影分别称为水平投影、正面投影和侧面投影。

2.3.2　三面正投影图的展开

由于形体的三个投影分别在三个面上（不共面），因此无法绘制在同一平面图纸上，为此需要将三个投影面进行展开，使其共面。

假设 V 面保持不动，将 H 面绕 OX 轴向下旋转 $90°$，将 W 面绕 OZ 轴向右旋转 $90°$，如图 2-8（b）所示，则三个投影面就展开到一个平面上了［图 2-8（c）］，形体的三个投影就可在一张平面图纸上画出来了。这样所得到的图形，称为形体的三面投影图，简称投影图。

三面投影图展开后，三条轴就成了两条互相垂直的直线，原来的 OX 轴、OZ 轴的位置不动，OY 轴一分为二，成为 Y_H 轴和 Y_W 轴。

在投影图中，投影面的边框没有必要再画出来 [图 2-8（d）]。

2.3.3 三面正投影图的基本规律

从形体三面投影图的形成和展开的过程可以看出，形体的三面投影之间有一定关系。设轴向 X、Y、Z 分别表示形体的长、宽、高方向，则水平投影反映出形体的长和宽以及左右、前后关系；正面投影反映出形体的长和高以及左右、上下关系；侧面投影反映出形体的宽和高以及前后、上下关系。从上述分析可以看出：水平投影和正面投影都反映出形体的长度，且左右是对齐的，简称"长对正"；正面投影和侧面投影都反映出形体的高度，且上下是对齐的，简称"高平齐"；水平投影和侧面投影都反映出形体的宽度，简称"宽相等"。因此三面投影图的三个投影之间的关系可以归结为"长对正、高平齐、宽相等"，简称"三等关系"。

三面投影图与投影轴的距离，反映出形体与三个投影面的距离，与形体本身的形状无关，因此作图时一般可不必画出投影轴 [图 2-8（d）]。

【例 2-1】 根据形体的轴测投影图画其三面投影图（图 2-9）。

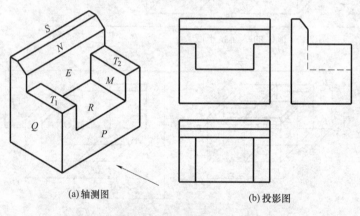

(a)轴测图　　(b)投影图

图 2-9　根据形体的轴测图画其三面投影图

解

（1）选择形体在三面投影体系中放置的位置时遵循的原则

① 应使形体的主要面尽量平行于投影面，并使 V 面投影最能表现形体特征。

② 应使形体的空间位置符合常态，若为工程形体应符合工程中形体的正常状态。

③ 在投影图中应尽量减少虚线。

（2）对形体各表面进行投影分析 [图 2-9（a）]

① 平面 P、E 及背面平行于 V 面，其 V 面投影反映实形，其 H 面投影、W 面投影分别积聚为 OX 轴、OZ 轴的平行线。

② 平面 R、S、T_1 和 T_2 及下底面平行于 H 面，其 H 面投影反映实形，其 V 面投影积聚为 OX 轴的平行线，其 W 面投影积聚为 OY_W 轴的平行线。

③ 平面 Q、M 及与其对称的平面平行于 W 面，其 W 面投影反映实形，其 H 面投影、V 面投影分别积聚为 Y_H 轴、OZ 轴的平行线。

④ 平面 N 垂直于 W 面，其 W 面投影积聚成一斜线；其 H 面投影、V 面投影均为类似形。

（3）绘制三面投影图 [图 2-9（b）]

在图 2-9（a）的位置将该形体放入三面投影体系中，按箭头所指方向为 V 面投影的方向。绘图时应利用各种位置平面的投影特征和投影的"三等关系"，即 H 面、V 面投影中各相应部分应用 OX 轴的垂直线对正（等长）；V 面、W 面投影中各相应部分应用 OX 轴的平行线对齐（等高）；H 面、W 面投影中各相应部分应等宽，依次画出形体的三面投影图。同时应注意 R 面在 W 面投影中积聚成虚线；E 面下部分在 W 面投影中积聚成虚线。

2.4　点的投影

点是构成形体的最基本元素，点只有空间位置而无大小。

2.4.1　点的三面投影

（1）点的三面投影的形成

图 2-10（a）所示为空间点 A 的三面投影的直观图，即过点 A 分别向 H 面、V 面、W 面的投影为 a、a'、a''。图 2-10（b）所示为点 A 的三面投影图。

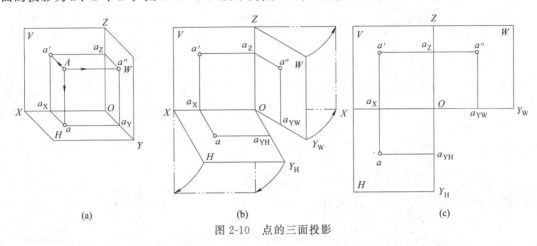

(a)　　　　　　　　　　(b)　　　　　　　　　　(c)

图 2-10　点的三面投影

约定：空间点用大写字母表示（如 A），其在 H 面上的投影称为水平投影，用相应的小写字母表示（如 a）；在 V 面上的投影称为正面投影，用相应的小写字母并在右上角加一撇表示（如 a'）；在 W 面上的投影称为侧面投影，用相应的小写字母并在右上角加两撇表示（如 a''）。

（2）点的投影规律

由图 2-10（a）可以看出，过空间点 A 的两条投影线 Aa 和 Aa' 所决定的平面，与 H 面和 V 面同时垂直相交，交线分别为 aa_X 和 $a'a_X$，因此 OX 轴必然垂直于平面 Aaa_Xa'，也就垂直于 aa_X 和 $a'a_X$。而 aa_X 和 $a'a_X$ 是互相垂直的两条直线，当 H 面绕 X 轴旋转至与 V 面成为同一平面时，aa_X 和 $a'a_X$ 就成为一条垂直于 OX 轴的直线，即 $aa'\perp OX$，如图 2-10（c）所示。同理，$a'a''\perp OZ$。a_Y 在投影面展平之后，被分为 a_{YH} 和 a_{YW} 两个点，所以 $aa_{YH}\perp OY_H$，$a''a_{YW}\perp OY_W$，即 $aa_X=a''a_Z$。

从上面分析可以得出点的投影规律。

① 点的 V 面投影和 H 面投影的连线必定垂直于 X 轴，即 $aa'\perp OX$。

② 点的 V 面投影和 W 面投影的连线必定垂直于 Z 轴，即 $a'a''\perp OZ$。

③ 点的 H 面投影到 X 轴的距离等于 W 面投影到 Z 轴的距离，即 $aa_X=a''a_Z$。

这三项正投影规律，就是"长对正、高平齐、宽相等"的三等关系。从图 2-10（a）中还可看出，$a'a_X=a''a_Y=Aa$，其中 Aa 是空间点 A 到 H 面的距离，即点的 V 面投影到 OX 轴的距离等于点的 W 面投影到 OY_W 轴的距离，它们都等于点到 H 面的距离；$aa_X=a''a_Z$ $=Aa'$，其中 Aa' 是空间点 A 到 V 面的距离，即点的 H 面投影到 OX 轴的距离等于点的 W 面投影到 OZ 轴的距离，它们都等于点到 V 面的距离；$a'a_Z=a a_Y=Aa''$，其中 Aa'' 是空间点 A 到 W 面的距离。因此可得出：点的三个投影到各投影轴的距离，分别代表空间点到相应的投影面的距离。这也说明，在点的三面投影图中，每两个投影都具有一定的联系性。因此，只要给出一点的任何两个投影，就可求出第三个投影。

例如，图 2-11（a）中，已知点 A 的水平投影 a 和正面投影 a'，则可求出其侧面投影 a''。

① 过 a' 引 OZ 轴的垂线 $a'a_Z$，如图 2-11（b）所示。

② 在 $a'a_Z$ 的延长线上截得 $a''a_Z=aa_X$，a'' 即为所求。也可过 a 引 OY 轴的垂线 aa_{YH}，并量取 $Oa_{YH}=Oa_{YW}$，过 a_{YW} 点作 OY_W 轴的垂线，在 $a'a_Z$ 的延长线上截得 a''，也得所求，如图 2-11（c）所示。a'' 还可由图 2-11（d）、（e）、（f）所示的方法求得。

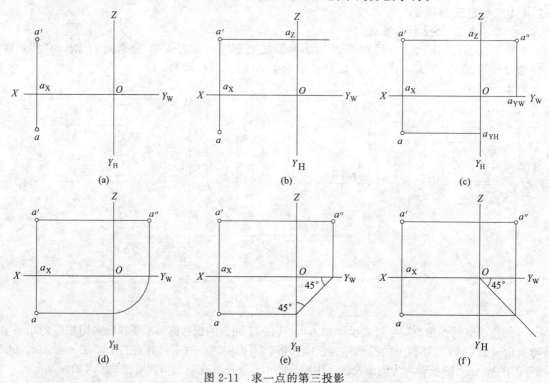

图 2-11　求一点的第三投影

如空间点位于投影面上（即点的三个距离中有一个距离等于零），则它的三个投影中必有两个投影位于投影轴上。反之，空间一个点的三个投影中如有两个投影位于投影轴上，该空间点必定位于某一投影面上。如图 2-12（a）所示，B 点位于 V 面上，则 B 点到 V 面的距离为零。C 点位于 H 面上，则 C 点到 H 面的距离为零。它们的第三投影一定在轴上，如图 2-12（b）所示。

2.4.2　两点的相对位置

两点的相对位置是指两点间前、后、左、右、上、下的位置关系。为此，应首先了解空间一个点的这六个方位，如图 2-13（a）所示。在每个投影中，将有两个方位相重合，如将重合的方位不标出，则得到图 2-13（b）所示投影图上的方位关系：在 H 面上的投影上、下重合，反映前、后、左、右的位置关系；在 V 面上的投影前、后重合，反映上、下、左、右的位置关系；在 W 面上的投影左、右重合，反映前、后、上、下的位置关系。

在判别空间两点的相对位置时，一般是先假设其中一个点为参照点，然后由另一点相对于该点的方位来确定它们之间的相对位置。

【例 2-2】 试判别 A、B 两点的相对位置（图 2-14）。

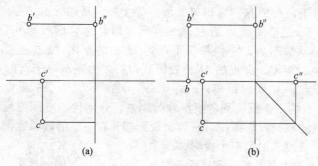

图 2-12　求特殊点的第三投影

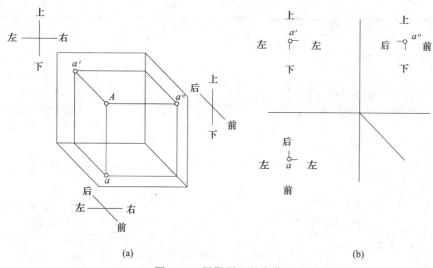

图 2-13 投影图上的方位

解 从图中可看出，b、b' 在 a、a' 之左，即点 B 在点 A 的左方。b'、b'' 在 a'、a'' 之上，即点 B 在点 A 的上方。b、b'' 在 a、a'' 之后，即点 B 在点 A 的后方。由此判别出点 B 在点 A 的左、上、后方，或点 A 在点 B 的右、下、前方。

当空间两点位于某投影面的同一投影线上时，则这两点在该投影面上的投影重合在一起。这种在某一投影面的投影重合的两个空间点，称为对该投影面的重影点。

有关重影点的投影特性列于表 2-1 中。

点 A、点 B 为对 H 面的重影点。点 A、点 B 的相对高度，可由 V 面投影或 W 面投影看出。因为点 A 在点 B 的正上方，故向 H 面投影时，投影线先遇点 A，后遇点 B，点 A 为可见，它的 H 面投影仍标记为 a，点 B 为不可见，其 H 面投影标记为 (b)。

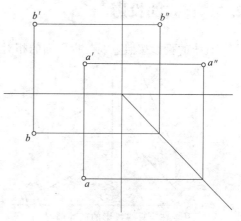

图 2-14 判别两点的相对位置

点 C、点 D 为对 V 面的重影点，其 V 面投影 c'、d' 重合。从 H 面投影或 W 面投影可知 C 点在前，D 点在后。对 V 面投影而言，点 C 可见，点 D 不可见。重合的投影标记为 $c'(d')$。

点 E、点 F 为对 W 面的重影点。对 W 面投影而言，点 E 在左可见，点 F 在右不可见。重合的投影标记为 $e''(f'')$。

表 2-1 有关重影点的投影特性

项 目	直 观 图	投 影 图	投 影 特 性
水平重影点			①正面投影和侧面投影反映两点的上下位置 ②水平投影重合为一点，上面一点可见，下面一点不可见

续表

项 目	直 观 图	投 影 图	投 影 特 性
正面重影点	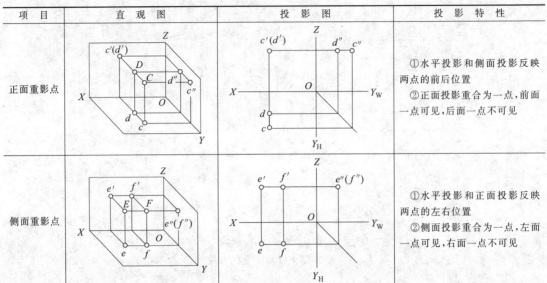		①水平投影和侧面投影反映两点的前后位置 ②正面投影重合为一点,前面一点可见,后面一点不可见
侧面重影点			①水平投影和正面投影反映两点的左右位置 ②侧面投影重合为一点,左面一点可见,右面一点不可见

2.5 直线的投影

直线的投影按照直线与投影面的相对位置不同,可分为倾斜、平行和垂直三种情况。倾斜于投影面的直线称为一般位置直线,简称一般直线;平行或垂直于投影面的直线称为特殊位置直线,简称特殊直线,如图 2-15 所示。

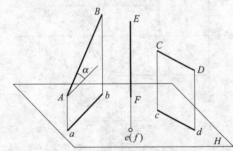

图 2-15 直线投影的三种情况

直线的投影可以由属于直线的任意两点的同面投影连以直线来确定。图 2-16 中,只要作出属于直线的点 $A(a、a'、a'')$ 和点 $B(b、b'、b'')$,将 ab、$a'b'$、$a''b''$ 连以直线即为直线 AB 的三面投影。同时,约定直线与 H 面、V 面、W 面的夹角分别用 α、β、γ 来表示。直线的投影特性如下。

① 当直线 AB 倾斜于投影面时,其投影小于实长,$ab = AB\cos\alpha$。

② 当直线 CD 平行于投影面时,其投影与直线本身平行且等长,$cd = CD$。

③ 当直线 EF 垂直于投影面时,其投影积聚为一点。

因此,直线的投影一般仍为直线,只有当直线垂直于投影面时,其投影才积聚为一点。以上直线的各投影特性对于投影面 V 和投影面 W 也同样存在。

2.5.1 特殊位置直线

（1）投影面平行线

平行于某一投影面而倾斜于另两个投影面的直线,称为投影面平行线。按照直线平行于不同的投影面,将平行于 H 面、V 面、W 面的直线分别称为水平线、正平线和侧平线。它们的直观图、投影图和投影特性见表 2-2。

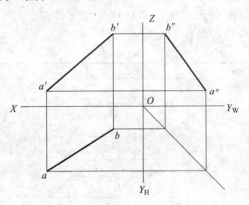

图 2-16 直线的三面投影

表 2-2　投影面平行线

直线的位置	直 观 图	投 影 图	投 影 特 性
平行于 H 面（水平线）			① $a'b' /\!/ OX$ 　$a''b'' /\!/ OY_W$ ② $ab = AB$ ③ 反映 β、γ 实角
平行于 V 面（正平线）			① $ab /\!/ OX$ 　$a''b'' /\!/ OZ$ ② $a'b' = AB$ ③ 反映 α、γ 实角
平行于 W 面（侧平线）			① $a'b' /\!/ OZ$ 　$ab /\!/ OY_H$ ② $a''b'' = AB$ ③ 反映 α、β 实角

当直线 AB 平行于投影面 H 时，其投影特性如下：H 面投影 ab 反映线段 AB 的实长，即 ab = AB，且 H 面投影 ab 与 OX 轴的夹角反映直线 AB 对 V 面的倾角 β，ab 和 OY 轴的夹角反映直线对 W 面的倾角 γ，直线 AB 的 V 面投影 $a'b'$ 和 W 面投影 $a''b''$ 分别与 OX 轴和 OY 轴平行。

由表 2-2 可以看出，投影面平行线的投影特性如下。

① 直线在其所平行的投影面上的投影反映实长，且实长投影与轴的夹角反映空间直线对另两个投影面的倾角。

② 其余两投影平行于所平行的投影面具有的两条投影轴。

（2）投影面垂直线

垂直于某一投影面的直线，称为该投影面垂直线。按照直线垂直于不同的投影面，将垂直于 H 面、V 面、W 面的直线分别称为铅垂线、正垂线和侧垂线。它们的直观图、投影图和投影特性见表 2-3。

表 2-3　投影面垂直线

直线的位置	直 观 图	投 影 图	投 影 特 性
垂直于 H 面（铅垂线）			① ab 积聚成一点 ② $a'b' \perp OX$ 　$a''b'' \perp OY_W$ ③ $a'b' = a''b'' = AB$
垂直于 V 面（正垂线）			① $a'b'$ 积聚成一点 ② $ab \perp OX$ 　$a''b'' \perp OZ$ ③ $ab = a''b'' = AB$

续表

直线的位置	直 观 图	投 影 图	投 影 特 性
平行于 W 面（侧垂线）		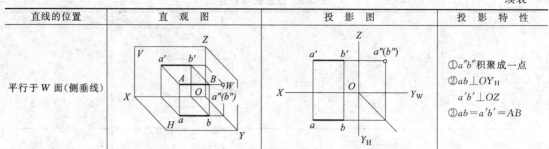	①$a''b''$积聚成一点 ②$ab\perp OY_H$ 　$a'b'\perp OZ$ ③$ab=a'b'=AB$

当直线 AB 垂直于投影面 H 时，其投影特性如下：H 面投影积聚为一点 $a(b)$，V 面投影 $a'b'\perp OX$ 轴，W 面投影 $a''b''\perp OY$ 轴。

从表 2-3 中可以看出，投影面垂直线的投影特性如下。

① 线在其所垂直的投影面上的投影积聚为一点。

② 其余两投影垂直于与所垂直的投影面相应的投影轴。

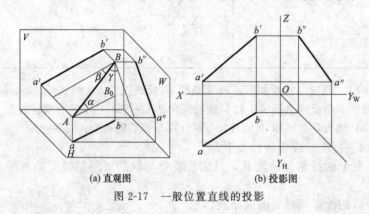

(a) 直观图　　(b) 投影图

图 2-17　一般位置直线的投影

2.5.2　一般位置直线

（1）一般位置直线的投影特性

与 H、V、W 三个投影面均倾斜的直线称为一般位置直线，简称一般直线。图 2-17（a）所示为一般位置直线 AB 的直观图，直线 AB 与 H、V、W 三个投影面的倾角分别用 α、β、γ 表示。图 2-17（b）所示为一般位置直线 AB 的三面投影图。其投影特性如下。

① 由于直线 AB 倾斜于三个投影面，故直线在三个投影面上的投影均倾斜于投影轴。

② 各投影与投影轴的夹角不反映直线 AB 对投影面的倾角。

③ 各投影的长度均小于直线 AB 的实长，分别为：$ab=AB\cos\alpha$，$a'b'=AB\cos\beta$，$a''b''=AB\cos\gamma$（α、β、γ 在 $0°\sim90°$ 范围内）。

（2）属于直线的点

① 投影特性　属于直线的点的投影必属于该直线的同面投影，且符合点的投影规律。

如图 2-18（a）所示，直线 AB 的 H 面投影为 ab，若点 K 属于直线 AB，则过点 K 的投影线 Kk 必属于包含 AB 向 H 面所作的投射平面 $ABba$，因而 Kk 与 H 面的交点 k 必属于该投射平面与 H 面的交线 ab。同理可知 k' 必属于 $a'b'$。

反之，如果点的各个投影均属于直线的各同面投影，且各投影符合点的投影规律，即投影连线垂直于相应的投影轴，则该点属于该直线。如图 2-18（b）中，点 K 属于直线 AB，而点 L 则不属于直线 AB。

② 点分线段成定比　点分线段成某一比例，则该点的投影也分该线段的投影成相同的比例。

在图 2-18（a）中，点 K 分空间线段 AB 为 AK 和 KB 两段，其水平投影 k 也分 ab 为 ak 和 kb 两段。设 $AK:KB=m:n$，在投射平面 $ABba$ 中，线段 AB 与 ab 被一组互相平行的投射线 Aa、Kk、Bb 所截割，则 $ak:kb=AK:KB=m:n$。同理可得：$a'k':k'b'=AK:KB=m:n$ 和 $a''k'':k''b''=AK:KB=m:n$。所以，点分线段成定比，投影后比例不变，即

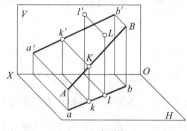

(a) 直观图

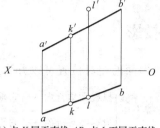

(b) 点 K 属于直线 AB，点 L 不属于直线 AB

图 2-18　属于直线的点的投影

$$\frac{ak}{kb}=\frac{a'k'}{k'b'}=\frac{a''k''}{k''b''}=\frac{AK}{KB}$$

【例 2-3】　如图 2-19 所示，已知线段 AB 的投影图，点 K 将其分成 $AK：KB＝2：3$ 两段，求点 K 的投影。

解　过线段的任一投影的任一端点，图中过 a 任意作一直线 aB_0，与 ab 成任意夹角，以任意长度为单位，在 aB_0 上由点 a 起连续量取 5 个单位，连接 $5b$，过点 2 引 $5b$ 的平行线交 ab 于 k，k 即为点 K 的水平投影。过 k 向上作 OX 轴的垂线交 $a'b'$ 于 k'，k' 即为点 K 的正面投影。k 和 k' 即为空间点 K 的两投影。

【例 2-4】　已知直线 AB 的两投影以及属于 AB 的点 K 的 V 面投影 k'，求其 H 面投影 k ［图 2-20（a）］。

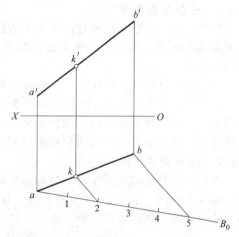

图 2-19　求线段 AB 的分点 K 的投影

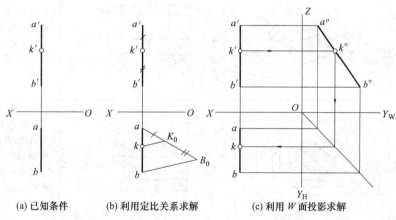

(a) 已知条件　　(b) 利用定比关系求解　　(c) 利用 W 面投影求解

图 2-20　补全属于直线 AB 的点 K 的投影

解一　利用定比关系求解［图 2-20（b）］。

由于 $ak：kb＝a'k'：k'b'$，所以可以在 H 面投影中过 a 引任意直线 aB_0，在该直线上定出 K_0 和 B_0 两点，并使 $aK_0＝a'k'$，$K_0B_0＝k'b'$。然后由 K_0 点引直线平行于 B_0b 交 ab 于 k，k 即为所求。

解二　利用 W 面投影求解［图 2-20（c）］。

因为点 K 属于直线 AB，所以它的各面投影均属于该直线相应的各同面投影。因此，补

画出直线的 W 面投影 $a''b''$，由 k' 定出 k''，再由 k'' 求出 H 面投影 k。

2.6 平面的投影

根据平面和投影面的相对位置可以分为：

$$\begin{cases} \text{特殊位置平面} \begin{cases} \text{投影面垂直面——它垂直于某一个投影面，倾斜于另两个投影面。} \\ \text{投影面平行面——它平行于某一个投影面，垂直于另两个投影面。} \end{cases} \\ \text{一般位置平面——它与三个投影面都倾斜} \end{cases}$$

2.6.1 投影面垂直面

投影面垂直面以其所垂直的投影面不同又分为：垂直于 H 面的平面，称为铅垂面；垂直于 V 面的平面，称为正面垂直面，简称正垂面；垂直于 W 面的平面，称为侧面垂直面，简称侧垂面。

表 2-4 分别列出了铅垂面、正垂面、侧垂面的投影图和投影特性。

从表 2-4 可分析归纳出投影面垂直面的投影特性为：平面在它所垂直的投影面上的投影积聚为一直线，该直线与投影轴的夹角分别反映平面对其他两投影面的倾角；平面在另外两个投影面上的投影为与平面图形相类似的图形，但面积有所缩小。

2.6.2 投影面平行面

投影面平行面以其所平行的投影面不同又分为：平行于 H 面的平面，称为水平面平行面，简称水平面；平行于 V 面的平面，称为正面平行面，简称正平面；平行于 W 面的平面，称为侧面平行面，简称侧平面。

表 2-4 投影面垂直面

直线的位置	直观图	投影图	投影特性
垂直于 H 面（铅垂面）$P \perp H$			①水平投影 p 积聚为一直线，并反映对 V 面、W 面的倾角 β、γ ②正面投影 p' 和侧面投影 p'' 为与 P 类似的图形
垂直于 V 面（正垂面）$Q \perp V$			①正面投影 q' 积聚为一直线，并反映对 H 面、W 面的倾角 α、γ ②水平投影 q 和侧面投影 q'' 为与 Q 类似的图形
垂直于 W 面（侧垂面）$R \perp W$			①侧面投影 r'' 积聚为一直线，并反映对 H 面、V 面的倾角 α、β ②水平投影 r 和正面投影 r' 为与 R 类似的图形

30

表 2-5 分别列出了水平面、正平面和侧平面的投影图和投影特性。

从表 2-5 可分析归纳出投影面平行面的投影特性为：平面在它所平行的投影面上的投影反映实形；平面在另外两个投影面上的投影积聚为一直线，且分别平行于相应的投影轴。

表 2-5　投影面平行面

直线的位置	直 观 图	投 影 图	投 影 特 性
平行于 H 面 （水平面） $P/\!/H$			①水平投影 p 反映实形 ②正面投影 p' 积聚为一直线，且平行于 OX 轴。侧面投影 p'' 积聚为一直线，且平行于 OY_W 轴
平行于 V 面 （正平面） $Q/\!/V$			①正面投影 q' 反映实形 ②水平投影 q 积聚为一直线，且平行于 OX 轴。侧面投影 q'' 积聚为一直线，且平行于 OZ 轴
平行于 W 面 （侧平面） $R/\!/W$			①侧面投影 r'' 反映实形 ②水平投影 r 积聚为一直线，且平行于 OY_H 轴。正面投影 r' 积聚为一直线，且平行于 OZ 轴

2.6.3　一般位置平面

如图 2-21（a）所示，△ABC 对投影面 H、V、W 都倾斜，是一般位置平面。这种平面在 H 面、V 面、W 面上的投影仍然为一个三角形，且各面投影的三角形的面积都小于△ABC 的实形。由此可知，一般位置平面的投影特性为：三面投影都成为与空间平面图形相类似的平面图形，且面积较空间平面图形的面积小；平面图形的三面投影都不反映该面对投影面的真实倾角。

求作一般位置平面的投影，只要画出平面的三个顶点 A、B、C 的三个投影，再分别将

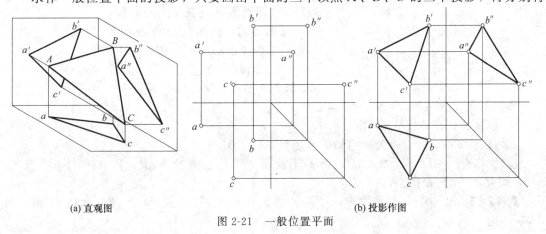

(a) 直观图　　　　　　　　　　　　(b) 投影作图

图 2-21　一般位置平面

各同面投影连接起来，就得到△ABC 的投影，如图 2-21（b）所示。

2.6.4 属于平面的直线和点

（1）属于平面的直线

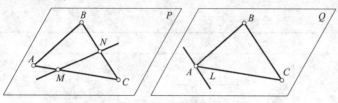

(a) 直线过属于平面的两点　　(b) 直线过属于平面的一点而且平行于属于平面的另一直线

图 2-22 平面上取线的几何条件

直线属于平面的几何条件是：直线通过属于平面的两个点，则直线属于此平面，如图 2-22（a）中的 MN；直线通过属于平面的一点，且平行于属于平面的另一条直线，则直线属于此平面，如图 2-22（b）中的 L。

图 2-23 所示为在已知△ABC 的投影图中取属于平面的直线的作图法。图 (a) 为先取属于△ABC 的两点 M(m'、m)、N(n'、n)，然后分别将其连成直线 $m'n'$、mn，则直线 MN 一定属于△ABC 所在的平面。图 (b) 为过△ABC 所在平面上一点 A（可为平面上任意一点），且平行于△ABC 的一条边 BC($b'c'$、bc) 作一直线 L(l'、l)，则直线 L 一定属于△ABC 所在的平面。

（2）属于平面的点

点属于平面的几何条件是：点属于平面的任一直线，则点属于此平面，如图2-24所示。

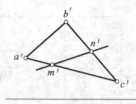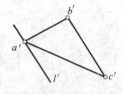
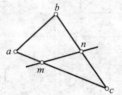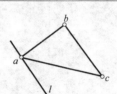

(a) 直线过属于平面的两点　　(b) 直线过属于平面的一点而且平行于属于平面的另一直线

图 2-23 在平面的投影图上取线

取属于平面的点，只有先取属于平面的直线，再取属于直线的点，才能保证点属于平面。否则，在投影图中不能保证点一定属于平面。

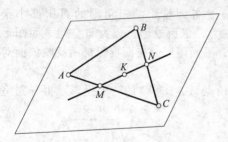

图 2-24 平面上取点的几何条件

图 2-25 所示为在已知△ABC 的投影图中取属于平面的点的作图法。已知点 K 属于△ABC，还知点 K 的 V 面投影 k'，求作点 K 的水平投影 k。先在△$a'b'c'$ 内过点 k' 任作一直线 $m'n'$，然后求出其 H 面投影 mn，进而求出在 mn 上的点 k，则点 k 一定属于△abc。即点 K 一定属于△ABC。

【例 2-5】 已知△ABC 及点 K 的两投影，判别点 K 是否属于△ABC [图 2-26（a）]。

解 若过点 K 能作出一直线属于△ABC，则点 K 属于该平面；反之，点 K 不属于该平面。

作图如图 2-26（b）所示。

① 连接 $a'k'$ 并延长与 $b'c'$ 相交于 d'。

② 过 d' 作 OX 的垂线交 bc 于 d，并连接 ad。

③ 所作直线 AD 属于△ABC，而 k 不属于 AD 的水平投影 ad，即点 K 不属于直线 AD，因此点 K 不属于△ABC。

【例 2-6】 已知点 K 的两投影，过 K 点作铅垂面（以迹线表示）P 与 V 面成45°角 [图 2-27（a）]。

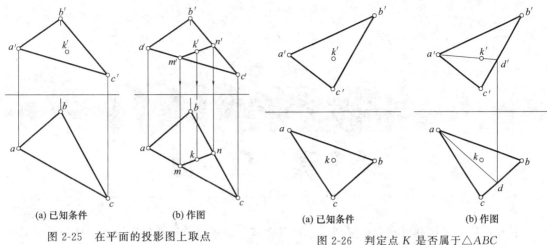

图 2-25　在平面的投影图上取点

图 2-26　判定点 K 是否属于△ABC

解　铅垂面 P 的水平迹线 P_H 有积聚性，P_H 与 OX 的夹角即为平面 P 对 V 面的倾角。故过 k 作 P_H 使之与 OX 成 45°角即可 [图 2-27 (b)]。此题有两解。

【例 2-7】 已知直线 AB 的两投影，过 AB 作正垂面 Q（以迹线表示）[图 2-28 (a)]。

解　正垂面 Q 的 V 面迹线 Q_V 有积聚性，既然直线 AB 属于 Q，则直线的 V 面投影 $a'b'$ 应与 Q_V 重合。故延长 $a'b'$，并注以迹线符号 Q_V 即可 [图 2-28 (b)]。

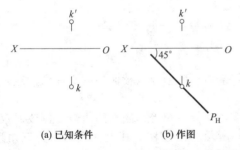

图 2-27　过点 K 作铅垂面与 V 面成 45°角

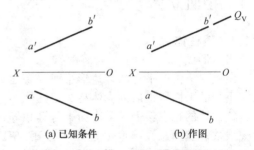

图 2-28　过 AB 直线作正垂面 Q

【例 2-8】 已知△ABC 的两投影，作属于平面的水平线和正平线的投影。

解　如图 2-29 (a) 所示，先在平面的 V 面投影内任取一点，如点 a'（这里为简便起见，取平面内一已知点为直线上一点，这样可少作一点），过该点作一平行于 OX 轴的直线 $a'd'$，然后由 d' 向下投影得 d，连 ad，则 AD 即为平面内的水平线，并且 ad 反映实长。

图 2-29 (b) 中箭头所指即为平面内正平线的作图过程，详述略。

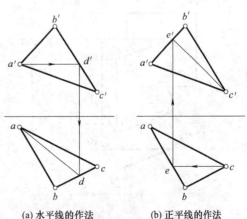

(a) 水平线的作法　　　　(b) 正平线的作法

图 2-29　作属于平面的水平线和正平线

第3章 立 体

各种形体，无论其形状多么复杂，总可以将其分解成简单的几何形体。常见的几何形体按其形状、类型不同可分为平面立体和曲面立体。表面全部由平面组成的立体称为平面立体，常见的有棱柱、棱锥等；表面全是曲面或既有曲面又有平面的立体称为曲面立体，常见的有圆柱、圆锥、球等。

本章主要讲解各种立体的形成及投影；立体各表面的可见性；立体表面上取点及其可见性；平面与立体表面的交线——截交线的投影；直线与立体表面的交点——贯穿点的投影。

3.1 平面立体

3.1.1 棱柱体

（1）形成

由上、下两个平行的多边形平面（底面）和其余相邻两个面（棱面）的交线（棱线）都互相平行的平面所组成的立体称为棱柱体。

棱柱体的特点：上、下底面平行且相等；各棱线平行且相等；底面的边数＝侧棱面数＝侧棱线数；表面总数＝底面边数＋2。图 3-1（a）所示为三棱柱，其上、下底面为三角形，侧棱线垂直于底面，三个侧棱面均为矩形，共五个表面。

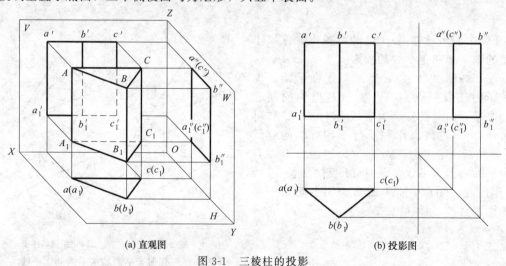

图 3-1 三棱柱的投影

（2）投影

① 安放位置 同一形体因安放位置不同其投影也有不同。为作图简便，应将形体的表

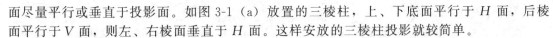

面尽量平行或垂直于投影面。如图 3-1（a）放置的三棱柱，上、下底面平行于 H 面，后棱面平行于 V 面，则左、右棱面垂直于 H 面。这样安放的三棱柱投影就较简单。

② 投影分析［图 3-1（a）］

a. H 面投影　是一个三角形。它是上、下底面实形投影的重合（上底面可见，下底面不可见）。由于三个侧棱面都垂直于 H 面，所以三角形的三条边即为三个侧棱面的积聚投影；三角形的三个顶点为三条棱线的积聚投影。

b. V 面投影　是两个小矩形合成的一个大矩形。左、右矩形分别为左、右棱面的投影（可见）；大矩形是后棱面的实形投影（不可见）；大矩形的上、下边线是上、下底面的积聚投影。

c. W 面投影　是一个矩形。它是左、右棱面投影的重合（左侧棱面可见、右侧棱面不可见）。矩形的上、下、左边线分别是上、下底面和后棱面的积聚投影；矩形的右边线是前棱线 BB_1 的投影。

③ 作图步骤［3-1（b）］

a. 画上、下底面的各投影。先画 H 面上的实形投影，即△abc，后画 V 面、W 面上的积聚投影，即 $a'b'c'$、$a_1'b_1'c_1'$、$a''(c'')b''$、$a_1''(c_1'')b_1''$。

b. 画各棱线的投影，即完成三棱柱的投影。三个投影应保持"三等"关系。

（3）棱柱体表面上取点

立体表面上取点的步骤：根据已知点的投影位置及其可见性，分析、判断该点所属的表面；若该表面有积聚性，则可利用积聚投影直线作出点的另一投影，最后作出第三投影；若该表面无积聚性，则可采用平面上取点的方法，过该点在所属表面上作一条辅助线，利用此线作出点的另两投影。

【例 3-1】　已知三棱柱表面上点 M 的 H 面投影 m（可见）及点 N 的 V 面投影 n'（可见），求 M、N 两点的另外两投影［图 3-2（a）］。

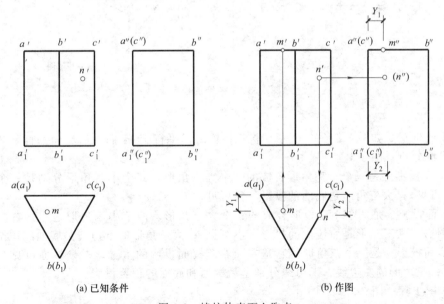

(a) 已知条件　　　　　　　　　　(b) 作图

图 3-2　棱柱体表面上取点

解

① 分析　由于 m 可见，则可判断点 M 属三棱柱上底面△ABC；n' 可见，则可判断点 N 属右棱面。由于上底面、右棱面都有积聚投影，则点 M、点 N 的另一投影可直接求出。

② 作图［图3-2（b）］

a. 由 m 向上作 OX 轴垂线（以下简称垂线）与上底面在 V 面的积聚投影 $a'b'c'$ 相交于 m'；由 m、m' 及 Y_1，求得 m''。

b. 由 n' 向下作垂线与右棱面 H 面的积聚投影 bc 相交于 n；由 n'、n 及 Y_2 求得 n''。

③ 判别可见性　点的可见性与点所在的表面的可见性是一致的。如右棱面的 W 面投影不可见，则 n'' 不可见。当点的投影在平面的积聚投影上时，一般不判别其可见性，如 m'、m'' 和 n。

3.1.2　棱锥体

（1）形成

由一个多边形平面（底面）和其余相邻两个面（侧棱面）的交线（棱线）都相交于一点（顶点）的平面所围成的立体称为棱锥体。

棱锥体的特点：底面为多边形；各侧棱线相交于一点；底面的边数＝侧棱面数＝侧棱线数；表面总数＝底面边数＋1。图3-3（a）所示为三棱锥，由底面（△ABC）和三个侧棱面（△SAB、△SBC、△SAC）围成，共四个表面。

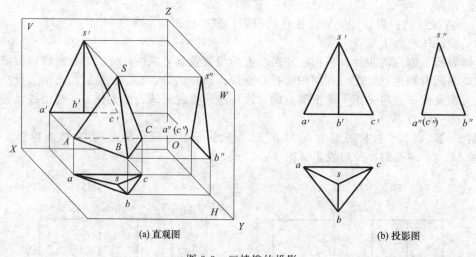

(a) 直观图　　　　　　　　(b) 投影图

图 3-3　三棱锥的投影

（2）投影

① 安放位置　如图3-3（a）所示，将三棱锥底面平行于 H 面，后棱面垂直于 W 面。

② 投影分析［图3-3（a）］

a. H 面投影　是三个小三角形合成的一个大三角形。三个小三角形分别是三个侧棱面的投影（可见）；大三角形是底面的投影（不可见）。

b. V 面投影　是两个小三角形合成的一个大三角形。两个小三角形是左、右侧棱面的投影（可见）；大三角形是后棱面的投影（不可见）；大三角形的下边线是底面的积聚投影。

c. W 面投影　是一个三角形。它是左、右侧棱面投影的重合，左侧棱面可见，右侧棱面不可见；三角形的左边线、下边线分别是后棱面和底面的积聚投影。

③ 作图步骤［图3-3（b）］

a. 画底面的各投影。先画 H 面上的实形投影，即△abc，后画 V 面、W 面上的积聚投影，即 $a'b'c'$、$a''(c'')b''$。

b. 画顶点 S 的三面投影，即 s、s'、s''。

c. 画各棱线的三面投影，即完成三棱锥的投影。

（3）棱锥体表面上取点

【例 3-2】 已知三棱锥表面上点 M 的 H 面投影 m（可见）及点 N 的 V 面投影 n'（不可见），求 M、N 两点的另外两投影 [图 3-4（a）]。

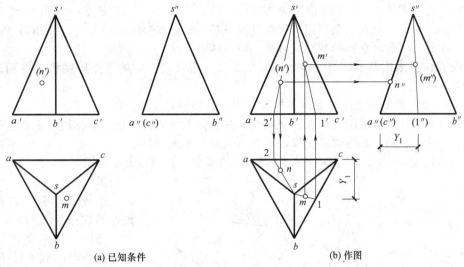

(a) 已知条件   (b) 作图

图 3-4　棱锥体表面上取点

解

① 分析　由于 m 可见，则点 M 属于 $\triangle SBC$；n' 不可见，则点 N 属于 $\triangle SAC$，利用平面上取点的方法即可求得所缺投影。

② 作图 [图 3-4（b）]

a. 连接 sm 并延长交 bc 于 1；由 1 向上引垂线交 $b'c'$ 于 $1'$；连接 $s'1'$ 与过 m 向上的垂线相交于 m'；由 1 及 Y_1 求得 $1''$，从而求得 m''。

b. 连接 $s'n'$ 并延长交 $a'b'$ 于 $2'$；由 $2'$ 向下引垂线交 ac 于 2；连接 $s2$ 与过 n' 向下的垂线相交于 n；由 n' 向右作 OZ 轴的垂线（即 OX 轴的平行线，以下简称平线）交 $s''a''$ 即得 n''。

③ 判别可见性　点 M 属于 $\triangle SBC$，因 $\triangle s'b'c'$ 可见，则 m' 点可见；$\triangle s''b''c''$ 不可见，则 m'' 不可见。点 N 属于 $\triangle SAC$，因 $\triangle sac$ 可见，则 n 可见；$\triangle s''a''c''$ 有积聚性，故 n'' 不判别可见性。

3.1.3　平面截割平面立体

平面截割平面立体，即平面与平面立体相交（图 3-5）。截割立体的平面称为截平面。截平面与立体表面的交线称为截交线。截交线围成的封闭的平面图形称为断面。

截平面截割立体的位置不同，所得截交线的形状也有所不同，但任何截交线都具有以下共同性质。

① 由于立体有一定的范围，所以截交线通常是封闭的平面图形。

② 截交线是截平面和立体表面的共有线，截交线上的每个点都是截平面与立体表面的共有点。

因此，求截交线的问题，实质为求截平面与立体表面共有点的问题。

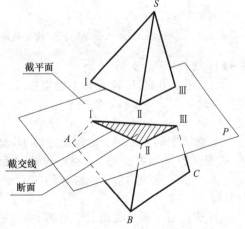

图 3-5　平面立体的截交线

由于平面立体的各表面都是平面，所以平面立体的截交线是封闭的平面多边形。如图3-5所示，截平面 P 截割三棱锥 S-ABC，其截交线为△ⅠⅡⅢ。三角形的各顶点（如Ⅰ、Ⅱ、Ⅲ）分别是截平面与三棱锥所截棱线（SA、SB、SC）的交点；三角形的三条边（ⅠⅡ、ⅠⅢ、ⅡⅢ）分别是截平面与三棱锥所截棱面（△SAB、△SAC、△SBC）的交线。由此可以看出，求平面立体的截交线可采用以下两种方法。

① 交点法：求出截平面与立体各棱线的交点，再按照一定的连点原则将交点相连，即得截交线。

② 交线法：求出截平面与立体各棱面的交线，即得截交线。

在实际作图时，常采用交点法。交点连成截交线的原则是：位于立体同一表面上的两点才能相连。可见表面上的连线画实线，不可见表面上的连线画虚线。

【例 3-3】 求正垂面 P 与四棱锥 S-ABCD 的截交线及截面实形 [图3-6（a）]。

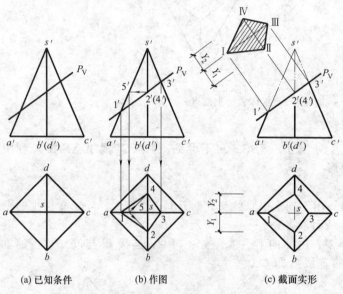

(a) 已知条件　　　(b) 作图　　　(c) 截面实形

图3-6　四棱锥的截交线及截面实形

解

① **分析** 截平面 P 与四棱锥的四条棱线（SA、SB、SC、SD）都相交，截交线为一四边形。截平面 P 为正垂面，其 V 面投影有积聚性，可以判断，截交线的 V 面投影积聚在 P_V 上，故只需求出截交线的 H 面投影。

② **作图** [图3-6（b）]

a. 截平面 P 的 V 面投影 P_V 与 s'a'、s'b'、s'c'、s'd' 的交点 1'、2'、3'、4'即为截平面与各棱线的交点Ⅰ、Ⅱ、Ⅲ、Ⅳ的 V 面投影。

b. 由 1'、3' 向下引垂线，在 sa 和 sc 上得点Ⅰ、Ⅲ的 H 面投影1、3。

c. 点Ⅱ、Ⅳ的 H 面投影不能直接求得，需过 2'（4'）在棱面 SAB 和 SAD 上作一辅助线。即过 2'（4'）作 OX 轴的平行线，交 s'a'于 5'，由 5'得 5，过 5 分别作 ab 和 ad 的平行线，交 sb 和 sd 于 2、4。

d. 将属于同一棱面上的两交点的 H 面投影依次相连，得到截交线的 H 面投影1-2-3-4-1。截交线的 V 面投影为 P_V 在四棱锥 V 面投影范围内的一线段。

③ **判别可见性** 由于四棱锥的四个侧棱面的 H 面投影均可见，故截交线的 H 面投影全部可见。

④ **作截面实形** 截面实形如图3-6（c）所示，其中实形的对角线ⅠⅢ等于1'3'，ⅡⅣ等于2 4。

【例 3-4】 求四棱锥 S-ABCD 被平面 P、Q 截割后的投影 [图3-7（a）]。

解

① **分析** 四棱锥被水平面 P 和正垂面 Q 所截，先分别求出 P、Q 两平面与四棱锥的截交线，再画出 P、Q 两截平面的交线即可。

② **作图** [图3-7（b）]

a. 截平面 P 为水平面，如果完全截断四棱锥，其截交线为与四棱锥底面四边形 ABCD

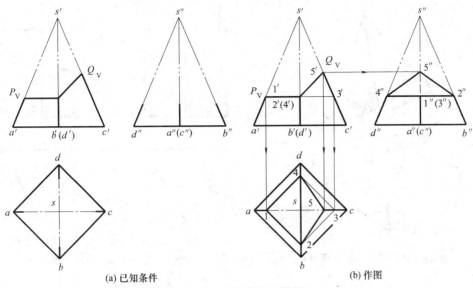

(a) 已知条件　　　　　　　　　　　(b) 作图

图 3-7　平面截割四棱锥

相似的四边形 I Ⅱ Ⅲ Ⅳ，由 1′、2′、3′、4′ 得 1、2、3、4，但实际上 P 平面未完全截四棱锥，故根据"长对正"关系，截交线实际只存在一部分，即 I Ⅱ 和 I Ⅳ，由 1、2、4 点得 1″、2″、4″。

　　b. 截平面 Q 为正垂面，它与四棱锥的三条棱线 SB、SC、SD 相交于 Ⅱ、Ⅴ、Ⅳ 点，由 2′、5′、4′ 得 2、5、4 和 2″、5″、4″。

　　c. 按连点原则连接 I Ⅱ、Ⅱ Ⅴ、Ⅴ Ⅳ、Ⅳ I，同时画出 P、Q 两平面的交线 Ⅱ Ⅳ，并加深图线。

　　③ 判别可见性　本题求四棱锥被截割后的投影（双点画线为假想轮廓线），截交线的 H 面投影全部可见；W 面投影中 △2″5″4″ 可见，△1″2″4″ 有积聚性。注意，棱线 SC 被截割后的剩余部分 ⅤC 的 W 面投影 5″c″ 为不可见。

3.1.4　直线与平面立体相交

　　直线与立体表面的交点称为贯穿点。贯穿点即直线与立体表面的共有点。因此求贯穿点的实质就是求直线与平面的交点。当直线与有积聚性投影的表面相交时，应利用积聚投影求解；当直线与无积聚性投影的表面相交时，其作图步骤如下（图 3-8）。

　　① 包含已知直线（MN）作一辅助平面（为使作图简便，一般作投影面垂直面）。

　　② 求辅助平面（P）与立体的截交线（△ I Ⅱ Ⅲ）。

　　③ 截交线（△ I Ⅱ Ⅲ）与已知直线（MN）的交点（K、L）即为贯穿点。

　　【例 3-5】　求直线 MN 与三棱柱的贯穿点［图 3-9（a）］。

　　解

　　① 分析　直线 MN 与三棱柱有积聚投影的左、右侧棱面相交，故交点的 H 面投影可直接求得，然后求出交点的 V 面投影即可。

　　② 作图［图 3-9（b）］

　　a. mn 与三棱柱左、右侧棱面的 H 面积聚投影的交点 1、2 即为贯穿点的 H 面投影。

　　b. 由 1、2 分别向上引垂线，交 m′n′ 于 1′、2′，即为贯穿点的 V 面投影。

　　c. 连接 m1、2n 和 m′1′、2′n′。

　　③ 判别可见性　I、Ⅱ 点所属棱面的 V 面投影可见，故 1′、2′ 均可见。必须注意，将直线和立体视为一整体，故直线 MN 在立体内部中的一段 I Ⅱ 并不存在，不能连线。

　　【例 3-6】　求直线 MN 与三棱锥 S-ABC 的贯穿点［图 3-10（a）］。

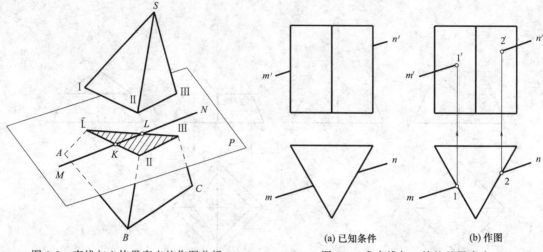

图 3-8　直线与立体贯穿点的作图分析

图 3-9　求直线与三棱柱的贯穿点

(a) 已知条件　　　　(b) 作图

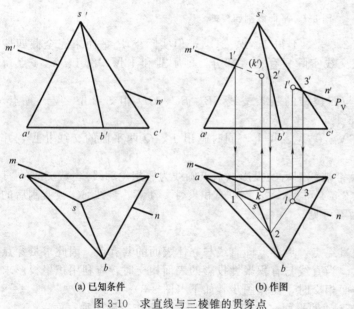

(a) 已知条件　　　　(b) 作图

图 3-10　求直线与三棱锥的贯穿点

解

① 分析　直线 MN 与三棱锥相交的平面的 H 面、V 面投影都无积聚性，应采用作辅助面的方法求解。

② 作图 [图 3-10（b）]

a. 包含 MN 作正垂面 P，与 $s'a'$、$s'b'$、$s'c'$ 分别相交于 $1'$、$2'$、$3'$。

b. 由 $1'$、$2'$、$3'$ 分别向下引垂线，交 sa、sb、sc 于 1、2、3，连接 1-2-3-1，即得辅助面 P 与三棱锥的截交线 △ⅠⅡⅢ 的 H 面投影 △123。

c. 直线 MN 的 H 面投影 mn 与 △123 的交点 k、l 即为贯穿点的 H 面投影。

d. 由 k、l 分别向上作垂线，交 $m'n'$ 于 k'、l'，即为贯穿点的 V 面投影。

③ 判别可见性　△SAC 和 △SBC 的 H 面投影都可见，故 k、l 可见，mk、ln 画实线；△SBC 的 V 面投影可见，故 l' 可见，$l'n'$ 画实线；△SAC 的 V 面投影不可见，故 k' 不可见，$1'k'$ 画虚线。

3.2　曲面立体

常见的曲面立体有圆柱体、圆锥体、圆球体等，它们都是旋转体。

3.2.1　圆柱体

（1）形成

由矩形（AA_1O_1O）绕其边（OO_1）为轴旋转运动的轨迹称为圆柱体 [图 3-11（a）]。与轴垂直的两边（OA 和 O_1A_1）的运动轨迹是上、下底圆，与轴平行的一边（AA_1）运动的轨迹是圆柱面。AA_1 称为母线，母线在圆柱面上任一位置称为素线。圆柱面是无数多条素线的集合。圆柱体由上、下底圆和圆柱面围成。上、下底圆之间的距离称为圆柱体的高。

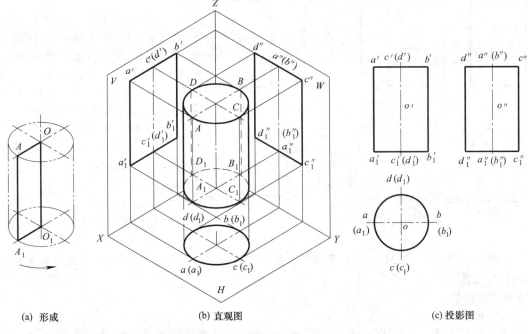

(a) 形成　　　　　　　　　　　(b) 直观图　　　　　　　　　　　(c) 投影图

图 3-11　圆柱体的形成与投影

（2）投影

① 安放位置　为简便作图，一般将圆柱体的轴线垂直于某一投影面。如图 3-11（b）所示，将圆柱体的轴线（OO_1）垂直于 H 面，则圆柱面垂直于 H 面，上、下底圆平行于 H 面。

② 投影分析 ［图 3-11（b）］

a. H 面投影　为一个圆。它是可见的上底圆和不可见的下底圆实形投影的重合，其圆周是圆柱面的积聚投影，圆周上任一点都是一条素线的积聚投影。

b. V 面投影　为一矩形。它是可见的前半圆柱和不可见的后半圆柱投影的重合，其对应的 H 面投影是前、后半圆，对应的 W 面投影是右和左半个矩形。矩形的上、下边线（$a'b'$ 和 $a_1'b_1'$）是上、下底圆的积聚投影；左、右边线（$a'a_1'$ 和 $b'b_1'$）是圆柱最左、最右素线（AA_1 和 BB_1）的投影，也是前、后半圆柱投影的分界线。

c. W 面投影　为一矩形。它是可见的左半圆柱和不可见的右半圆柱投影的重合，其对应的 H 面投影是左、右半圆；对应的 V 面投影是左、右半个矩形。矩形的上、下边线（$d''c''$ 和 $d_1''c_1''$）是上、下底圆的积聚投影；左、右边线（$d''d_1''$ 和 $c''c_1''$）是圆柱最后、最前素线（DD_1 和 CC_1）的投影，也是左、右半圆柱投影的分界线。

③ 作图步骤 ［图 3-11（c）］

a. 画轴线的三面投影（o、o'、o''），过 o 作中心线，轴和中心线都画单点长画线。

b. 在 H 面上画上、下底圆的实形投影（以 O 为圆心，OA 为半径）；在 V 面、W 面上画上、下底圆的积聚投影（其间距为圆柱的高）。

c. 画出轮廓线，即画出最左、最右素线的 V 面投影（$a'a_1'$ 和 $b'b_1'$），画出最前、最后素线的 W 面投影（$c''c_1''$ 和 $d''d_1''$）。

（3）圆柱体表面上取点

【例3-7】 已知圆柱体上点 M 的 V 面投影 m'（可见）及点 N 的 H 面投影 n（不可见），求 M、N 两点的另两投影 [图 3-12（a）]。

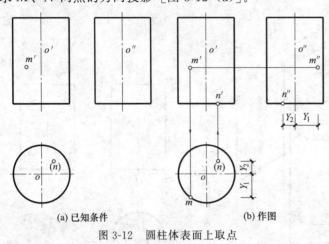

(a) 已知条件　　　　(b) 作图

图 3-12　圆柱体表面上取点

解

① 分析　由于 m' 可见，且在轴 O' 左侧，可知点 M 在圆柱面的前、左部分；n 不可见，则点 N 在圆柱的下底圆上。圆柱面的 H 面投影和下底圆的 V 面、W 面投影有积聚性，可从积聚投影入手求解。

② 作图 [图 3-12（b）]

a. 由 m' 向下作垂线，交 H 面投影中的前半圆周于 m，由 m'、m 及 Y_1 可求得 m''。

b. 由 n 向上作垂线，交下底圆的 V 面积聚投影于 n'，由 n、n' 及 Y_2 可求得 n''。

③ 判别可见性　点 M 位于左半圆柱，故 m'' 可见；m、n'、n'' 在圆柱的积聚投影上，不判别其可见性。

3.2.2　圆锥体

（1）形成

由直角三角形（$\triangle SAO$）绕其一直角边（SO）为轴旋转运动的轨迹称为圆锥体 [图 3-13（a）]，另一直角边（AO）旋转运动的轨迹是垂直于轴的底圆，斜边（SA）旋转运动的轨迹是圆锥面。SA 称为母线，母线在圆锥面上任一位置称为素线。圆锥面是无数多条素线的集合。圆锥由圆锥面和底圆围成。锥顶（S）与底圆之间的距离称为圆锥的高。

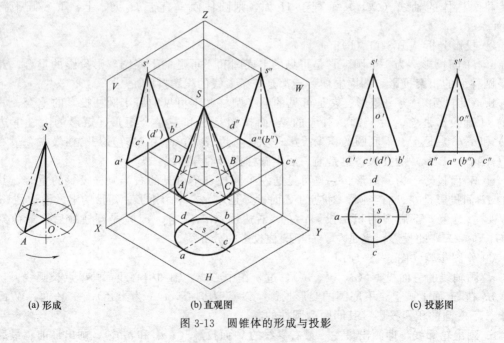

(a) 形成　　　　　(b) 直观图　　　　　(c) 投影图

图 3-13　圆锥体的形成与投影

（2）投影

① 安放位置　如图 3-13（b）所示，将圆锥体的轴线垂直于 H 面，则底圆平行于 H 面。

② 投影分析［图 3-13（b）］

a. H 面投影　为一个圆。它是可见的圆锥面和不可见的底圆投影的重合。

b. V 面投影　为一等腰三角形。它是可见的前半圆锥和不可见的后半圆锥投影的重合，其对应的 H 面投影是前、后半圆，对应的 W 面投影是右、左半个三角形。等腰三角形的底边是圆锥底面的积聚投影；两腰（$s'a'$ 和 $s'b'$）是圆锥最左、最右素线（SA 和 SB）的投影，也是前、后半圆锥的分界线。

c. W 面投影　为一等腰三角形。它是可见的左半圆锥和不可见的右半圆锥投影的重合，其对应的 H 面投影是左、右半圆；对应的 V 面投影是左、右半个三角形。等腰三角形的底边是圆锥底圆的积聚投影；两腰（$s''c''$ 和 $s''d''$）是圆锥最前、最后素线（SC 和 SD）的投影，也是左、右半圆锥的分界线。

③ 作图步骤［图 3-13（c）］

a. 画轴线的三面投影（o、o'、o''），过 o 作中心线，轴和中心线都画单点长画线。

b. 在 H 面上画底圆的实形投影（以 O 为圆心，OA 为半径）；在 V 面、W 面上画底圆的积聚投影。

c. 画锥顶（S）的三面投影（s、s'、s''，由圆锥的高定 s'、s''）。

d. 画出转向轮廓线，即画出最左、最右素线的 V 面投影（$s'a'$ 和 $s'b'$），画出最前、最后素线的 W 面投影（$s''c''$ 和 $s''d''$）。

（3）圆锥表面取点

【例 3-8】　已知圆锥上一点 M 的 V 面投影 m'（可见），求 m 及 m''［图 3-14（a）］。

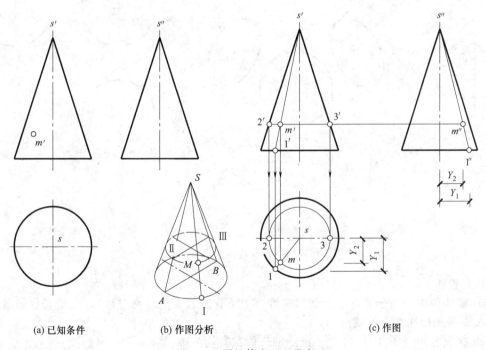

(a) 已知条件　　　(b) 作图分析　　　　　　　(c) 作图

图 3-14　圆锥体表面上取点

解

① 分析［图 3-14（b）］　由于 m' 可见，且在轴 o' 左侧，可知点 M 在圆锥面的前、左部分。由于圆锥面的三个投影都无积聚性，所缺投影不能直接求出，可利用素线法和纬圆法求解。利用素线法，即过锥顶 S 和已知点 M 在圆锥面上作一素线 $S\mathrm{I}$，交底圆于 I 点，求得 $S\mathrm{I}$ 的三面投影，则点 M 的 H 面、W 面投影必然在 $S\mathrm{I}$ 的 H 面、W 面投影上。利用纬圆

法，即过点 M 作垂直于圆锥轴线的水平圆（其圆心在轴上），该圆与圆锥的最左、最右素线（SA 和 SB）相交于 Ⅱ、Ⅲ 两点，以 Ⅱ、Ⅲ 为直径在圆锥面上画圆，则点 M 的 H 面、W 面投影必然在该圆的 H 面、W 面投影上。

② 作图 ［图 3-14 （c）］

a. 素线法：连接 $s'm'$ 并延长交底圆的积聚投影于 $1'$；由 $1'$ 向下作垂线交 H 面投影中圆周于 1，连接 $s1$；由 m' 向下作垂线交 $s1$ 于 m，由 Y_1 求得 $s''1''$，利用"高平齐"关系求得 m''。

b. 纬圆法：过 m' 作水平方向线，交三角形两腰于 $2'$、$3'$，线段 $2'3'$ 就是所作纬圆的 V 面积聚投影，也是纬圆的直径；以 $2'3'$ 为直径在 H 面投影上画纬圆的实形投影；由 m' 向下作垂线，与纬圆前半部分相交于 m，由 m'、m 及 Y_2 得 m''。

③ 判别可见性　由于点 M 位于圆锥面前、左部分，故 m、m'' 均可见。

3.2.3　圆球体

（1）形成

半圆面绕其直径（OO_1）为轴旋转运动的轨迹称为圆球体 ［图 3-15 （a）］。半圆线旋转运动的轨迹是球面，即圆球的表面。

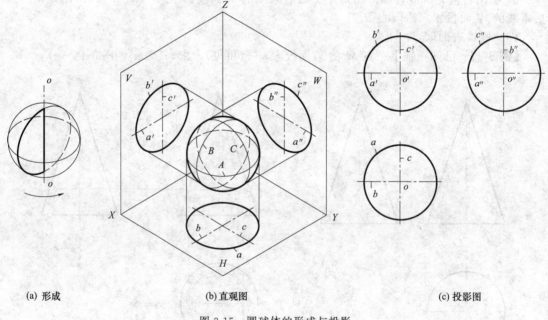

(a) 形成　　　(b) 直观图　　　(c) 投影图

图 3-15　圆球体的形成与投影

（2）投影

① 安放位置　由于圆球形状的特殊性（上下、左右、前后均对称），无论怎样放置，其三面投影都是相同大小的圆。

② 投影分析 ［图 3-15 （b）］ 圆球的三面投影均为圆。

a. H 面投影的圆是可见的上半球面和不可见的下半球面投影的重合。圆周 a 是圆球面上平行于 H 面的最大圆 A（也是上、下半球面的分界线）的投影。

b. V 面投影的圆是可见的前半球面和不可见的后半球面投影的重合。圆周 b' 是圆球面上平行于 V 面的最大圆 B（也是前、后半球面的分界线）的投影。

c. W 面投影的圆是可见的左半球面和不可见的右半球面投影的重合。圆周 c'' 是圆球面上平行于 W 面的最大圆 C（也是左、右半球面的分界线）的投影。

三个投影面上的三个圆对应的其余投影均积聚成直线段，并重合于相应的中心线上，不必画出。

③ 作图步骤 [图 3-15（c）]

a. 画球心的三面投影（o、o'、o''），过球心的投影分别作横、竖向中心线（单点长画线）。

b. 分别以 o、o'、o'' 为圆心，以球的半径（即半球面的半径）在 H 面、V 面、W 面投影上画出等大的三个圆，即为球的三面投影。

（3）圆球面上取点

【例 3-9】 已知球面上一点 M 的 V 面投影 m'（可见），求 m 及 m'' [图 3-16（a）]。

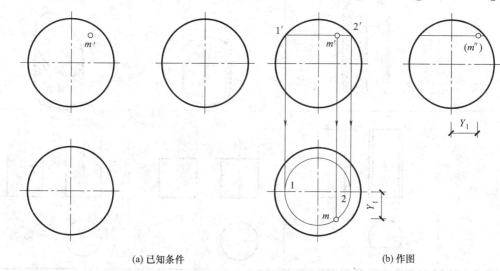

(a) 已知条件　　　　　　　　　　(b) 作图

图 3-16　圆球体表面上取点

解

① 分析　球的三面投影都没有积聚性，且球面上也不存在直线，故只有采用纬圆法求解。可设想过点 M 在圆球面上作水平圆（纬圆），该点的各投影必然在该纬圆的相应投影上。作出纬圆的各投影，即可求出点 M 的所缺投影。

② 作图 [图 3-16（b）]

a. 过 m' 作纬圆的 V 面投影，该投影积聚为一线段 $1'2'$。

b. 以 $1'2'$ 为直径在 H 面上作纬圆的实形投影。

c. 由 m' 向下作垂线交纬圆的 H 面投影于 m（因 m' 可见，点 M 必然在圆球面的前半部分）；由 m、m' 及 Y_1 求得 m''。

③ 判别可见性　因点 M 位于圆球面的上、右、前半部分，故 m 可见，m'' 不可见。

3.2.4　平面截割曲面立体

平面截割曲面立体的截交线一般为封闭的平面曲线（图 3-17）。截交

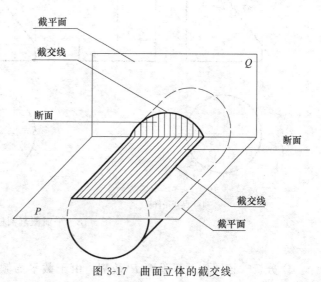

图 3-17　曲面立体的截交线

线是截平面与曲面立体表面共有点的集合，因此求截交线的实质就是求这些共有点的投影。

为了准确地求出截交线的投影，应先求出特殊点，即控制截交线形状的点，如最高、最低、最左、最右、最前、最后、可见与不可见的分界点等，然后再求一般点，最后将这些点依次光滑地连成线即可。

（1）平面截割圆柱

根据截平面与圆柱体轴线的相对位置，圆柱体的截交线可分三种情况，详见表 3-1。

表 3-1　平面截割圆柱

截平面位置	截平面平行于圆柱轴线	截平面垂直于圆柱轴线	截平面倾斜于圆柱轴线
截交线形状	矩形	圆	椭圆
立体图			
投影图	P_W P_H	Q_V Q_W	P_V

【例 3-10】　求圆柱截割体的投影［图 3-18（a）］。

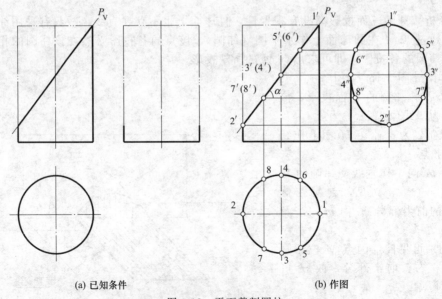

(a) 已知条件　　　　　　　　　　(b) 作图
图 3-18　平面截割圆柱

解

① 分析　该圆柱被正垂面 P 截割，由于截平面倾斜于圆柱轴线，其截交线为一椭圆。

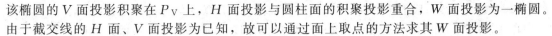

该椭圆的 V 面投影积聚在 P_V 上，H 面投影与圆柱面的积聚投影重合，W 面投影为一椭圆。由于截交线的 H 面、V 面投影为已知，故可以通过面上取点的方法求其 W 面投影。

② 作图 ［图 3-18 (b)］

a. 求特殊点：即求椭圆长、短轴的端点 Ⅰ、Ⅱ、Ⅲ、Ⅳ，它们又分别是椭圆的最高、最低、最前、最后点，P_V 与圆柱最右、最左素线 V 面投影的交点 $1'$、$2'$ 是椭圆长轴端点 Ⅰ、Ⅱ 的 V 面投影，P_V 与圆柱最前、最后素线 V 面投影的交点 $3'$、$4'$ 是椭圆短轴端点 Ⅲ、Ⅳ 的 V 面投影，由 $1'$、$2'$、$3'$、$4'$ 求得 $1''$、$2''$、$3''$、$4''$。

b. 求一般点：为控制椭圆的形状，使作图准确，还应求出椭圆上若干一般点，如在截交线 V 面投影上任取 $5'$ ($6'$)，即可求得 5 (6)、$5''$ ($6''$)，利用椭圆的对称性，可作出与 Ⅴ、Ⅵ 点对称的 Ⅶ、Ⅷ 点的各投影。

c. 连线：在 W 面投影上将各点依次光滑地连成曲线，即得到截交线的 W 面投影。

③ 判别可见性　当被正垂面 P 截去的上部圆柱不存在时，截交线的 W 面投影均为可见。

从此例可以看出，由于截交线椭圆的短轴垂直于 V 面，其 W 面投影的长度总等于圆柱的直径，其长轴的长度随截平面与圆柱轴线的倾角不同而变化。当截平面与圆柱轴线的倾角 α 等于 $45°$ 时，椭圆长、短轴的 W 面投影长度相等，即椭圆的 W 面投影成为一个与圆柱直径相等的圆。

【例 3-11】 求带梯形槽口的圆柱的投影 ［图 3-19 (a)］。

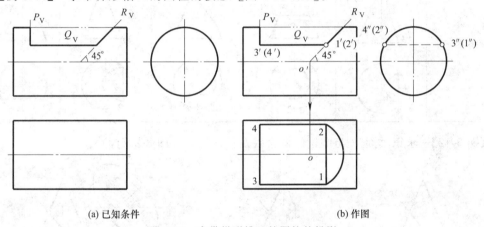

(a) 已知条件　　　　　　　　　　(b) 作图

图 3-19　求带梯形槽口的圆柱的投影

解

① 分析　该圆柱轴线垂直于 W 面。槽口的左边被一垂直于圆柱轴线的侧平面 P 所截，其截交线为圆的一部分；槽口的下边被一平行于圆柱轴线的水平面 Q 所截，其截交线为一矩形；槽口的右边被一倾斜于圆柱轴线、且 $\alpha=45°$ 的正垂面 R 所截，其截交线为椭圆的一部分。由于 $\alpha=45°$，该截交线的 H 面投影则投影成圆的一部分。由于截交线的 V 面、W 面投影都有积聚性，故只需求出其 H 面投影。

② 作图 ［图 3-19 (b)］

a. 根据"高平齐"的关系，截交线的 W 面投影只能是截平面 Q 以上部分。先求截交线右边一段的投影。延长 R_V 与圆柱轴线的 V 面投影相交于 o'，由 o' 向下作垂线，交圆柱轴线的 H 面投影于 o；以 o 为圆心，以圆柱的半径在 H 面投影上画圆，根据"长对正"的关系，得圆弧 $\overset{\frown}{12}$，$\overset{\frown}{12}$ 即平面 R 截割圆柱的截交线的 H 面投影。

b. 再求截交线中间一段的投影。在 H 面投影中，线段 12 为矩形的短边，根据"长对正"的关系，可以求得矩形长边的 H 面投影。线段 13、24 即为平面 Q 截割圆柱面的截交线的 H 面投影。

c. 截交线左边一段的 H 面投影积聚成一线段，长度等于矩形的短边，即 34。

d. 画出 P、Q 两截平面的交线Ⅲ Ⅳ和 Q、R 两截平面的交线Ⅰ Ⅱ的各投影。

③ 判别可见性　从图中可知截交线的 H 面投影都可见，V 面投影有积聚性，W 面投影中 $1''2''$ 为不可见，画虚线。

（2）平面截割圆锥

根据截平面与圆锥的相对位置不同，圆锥的截交线可分五种情况，详见表 3-2。

表 3-2　平面截割圆锥

截平面位置	截平面通过锥顶	截平面垂直于圆锥轴线	截平面与圆锥所有素线相交	截平面平行于圆锥的一条素线	截平面平行于圆锥两条素线
截交线形状	三角形	圆	椭圆	抛物线	双曲线
立体图					
投影图					

【例 3-12】　求正垂面 P 与圆锥的截交线及截面实形［图 3-20（a）］。

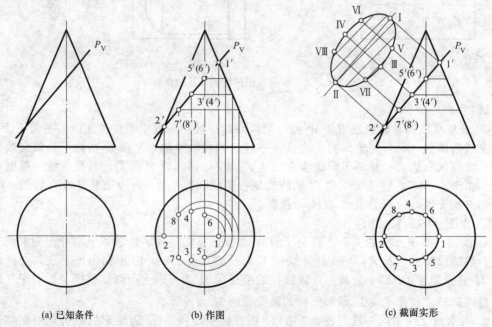

（a）已知条件　　　　（b）作图　　　　（c）截面实形

图 3-20　用纬圆法求圆锥的截交线及截面实形

解

① 分析　截平面 P 与圆锥的所有素线都相交，其截交线为一椭圆。该椭圆的 V 面投影积聚在 P_V 上，H 面投影为一椭圆，其长轴为正平线，短轴为正垂线。

② 作图 [图 3-20（b）]

a. 求特殊点：P_V 与圆锥 V 面投影轮廓线的交点 $1'$、$2'$ 是椭圆长轴端点Ⅰ、Ⅱ的 V 面投影，它们位于圆锥最右、最左素线上。由 $1'$、$2'$ 向下引垂线得 1、2；线段 $1'2'$ 的中点 $3'$（$4'$）是椭圆短轴端点Ⅲ、Ⅳ的 V 面投影，过 $3'$（$4'$）作纬圆，即可求得Ⅲ、Ⅳ的 H 面投影 3、4；$5'$（$6'$）是截平面 P 与圆锥最前、最后素线交点的 V 面投影，过 $5'$（$6'$）作纬圆，即可求得 5、6。

b. 求一般点：在 V 面投影中取 $7'$（$8'$），利用纬圆法即可求得 7、8。

c. 在 H 面投影中，依次光滑连接 1-5-3-7-2-8-4-6-1，即得到截交线椭圆的 H 面投影。

③ 判别可见性　由于截交线位于圆锥面上，其 H 面投影全部可见。

④ 作截面实形　如图 3-20（c）所示，其中Ⅰ Ⅱ为椭圆实形的长轴，长度等于 $1'2'$；Ⅲ Ⅳ为椭圆实形的短轴，长度等于 34；Ⅴ Ⅵ和Ⅶ Ⅷ分别等于 56 和 78。

（3）平面截割圆球

平面截割圆球，无论截平面的位置如何，截交线的空间形状都是圆。截平面与球心的距离决定截交线圆的大小，截平面通过球心，则截得最大的圆。截交线圆的位置与其截平面的位置一致。截交圆的直径是截平面的积聚投影与球的同面投影圆相交的弦。当截平面为水平面、正平面、侧平面时，其 H 面投影、V 面投影、W 面投影反映截面圆的实形，其余两投影分别积聚成直线段，并分别平行于相应的投影轴。直线段的长度等于截面圆实形的直径；当截平面倾斜于投影面时，其投影为椭圆。

【例 3-13】　求带缺口的半球的投影 [图 3-21（a）]。

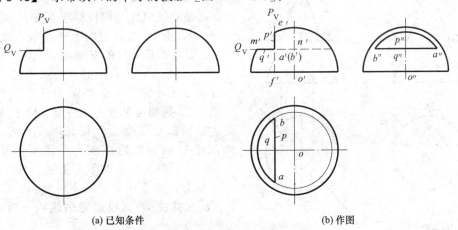

(a) 已知条件　　　　　　　　(b) 作图

图 3-21　求带缺口的半球的投影

解

① 分析　半球被水平面 Q 所截，其截交线的 H 面投影为圆的一部分，W 面投影积聚成直线段；侧平面 P 截割半球的截交线的 W 面投影为圆的一部分，H 面投影为一直线段。

② 作图 [图 3-21（b）]

a. 先求平面 Q 与半球的截交线的投影。设想将 Q_V 延长，全部截断半球。在 H 面上画一个以 $m'n'$ 为半径的圆，利用"长对正"的关系，得到截交线的 H 面投影 ab，其 W 面投影为 $a''b''$。

b. 用同样的方法求平面 P 与半球的截交线的投影。在 W 面投影上画一个以 O'' 为圆心，$e'f'$ 为半径的半圆，根据"高平齐"的关系，得到截交线的 W 面投影 $a''b''$。线段 AB 为 P、Q 两平面的交线。

3.2.5 直线与曲面立体相交

【例 3-14】 求直线 AB 与圆柱的贯穿点〔图 3-22 (a)〕。

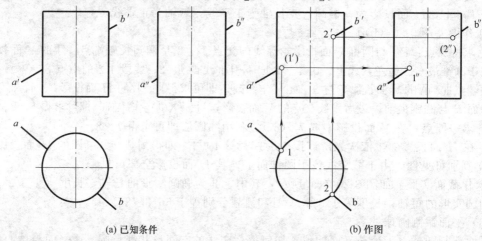

(a) 已知条件　　　　　　　(b) 作图

图 3-22　求直线与圆柱的贯穿点

解

① 分析　直线 AB 与圆柱面相交，圆柱面的 H 面投影有积聚性，贯穿点的 H 面投影必然在圆柱面的 H 面积聚投影上。

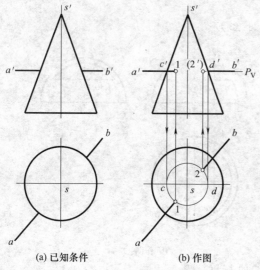

(a) 已知条件　　　(b) 作图

图 3-23　求水平线与圆锥的贯穿点

解

① 分析　直线 AB 与圆锥面相交，因锥面的投影无积聚性，无法直接求得贯穿点，故采用作辅助面的方法求解。包含水平线 AB 作水平辅助面 P (P_V)，它与圆锥的截交线为平行于 H 面的圆（若包含 AB 作铅垂面，则截交线为双曲线，作图麻烦）。求得 AB 与截交线圆的交点即为贯穿点。

② 作图〔图 3-23 (b)〕

a. 包含 AB 作水平面，利用 $a'b'$ 在圆锥 V 面投影轮廓线内一线段 $c'd'$ 为直径在 H 面上画圆，该圆与 ab 的交点 1、2 即为贯穿点的 H 面投影。

b. 过 1、2 分别向上引垂线，交 $a'b'$ 于 $1'$、$2'$，即为贯穿点的 V 面投影。

② 作图〔图 3-22 (b)〕

a. 在 H 面投影上，ab 与圆周的交点 1、2 就是直线 AB 与圆柱贯穿点的 H 面投影。

b. 由 1、2 分别向上作垂线，交 $a'b'$ 于 $1'$、$2'$，即贯穿点的 V 面投影。

c. 由 $1'$、$2'$ 分别向右引水平线，交 $a''b''$ 于 $1''$、$2''$，即贯穿点的 W 面投影。

③ 判别可见性　贯穿点 Ⅰ 位于圆柱面的左、后部分，故 $1'$ 不可见，$1''$ 可见。$a'1'$ 在圆柱 V 面投影轮廓线内一段不可见，画虚线，$a''1''$ 画实线。贯穿点 Ⅱ 位于圆柱面的右、前部分，故 $2'$ 可见，$2''$ 不可见。$2'b'$ 画实线，$2''b''$ 在圆柱 W 面投影轮廓线内一段不可见，画虚线。

【例 3-15】 求水平线 AB 与圆锥的贯穿点〔图 3-23 (a)〕。

③ 判别可见性　Ⅰ点位于圆锥面的左、前部分，故 1、$1'$ 均可见。连接 $a1$、$a'1'$，画实线；Ⅱ点位于圆锥面右、后部分，故 2 可见，连接 $2b$，画实线；$2'$ 不可见，$2'd'$ 画虚线。

【例 3-16】　求正平线与圆球的贯穿点［图 3-24（a）］

解

① 分析　包含 AB 作辅助面（正平面）P，则 P 与圆球的截交线为正平圆，求得 AB 与截交线圆的交点即为贯穿点。

② 作图［图 3-24（b）］

a. 包含 AB 作正平面，利用 H 面投影中 ab 在圆球投影轮廓线内一线段 cd 为直径在 V 面上画圆，该圆与 $a'b'$ 的交点 $1'$、$2'$ 即为贯穿点的 V 面投影。

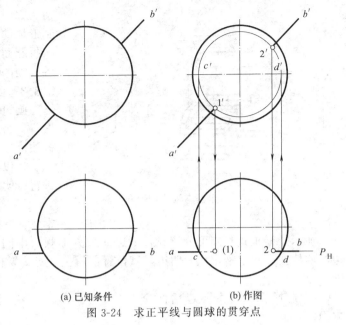

(a) 已知条件　　　　(b) 作图

图 3-24　求正平线与圆球的贯穿点

b. 过 $1'$、$2'$ 分别向下作垂线，交 ab 于 1、2，即为贯穿点的 H 面投影。

③ 判别可见性　由于Ⅰ点位于圆球的前、左、下部分，故 1 不可见，$1c$ 画虚线；$1'$ 可见，$a'1'$ 画实线。Ⅱ点位于圆球的前、右、上部分，故 2、$2'$ 均可见，$2b$、$2'b'$ 画实线。

3.3　组合体的视图

由基本体（如棱锥、棱柱、圆锥、圆柱、圆球、圆环等）按一定规律组合而成的形体，称为组合体。

3.3.1　组合体的组成方式

叠加式：由基本体叠加而成，如图 3-25（a）所示。

截割式：由基本体被一些面截割后而成，如图 3-25（b）所示。

综合式：由基本体叠加和被截割而成，如图 3-25（c）所示。

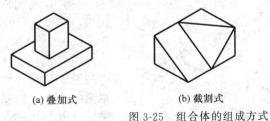

(a) 叠加式　　　　(b) 截割式　　　　(c) 综合式

图 3-25　组合体的组成方式

3.3.2　组合体视图的名称及位置

形体一般用在 V 面、H 面、W 面上的正投影来表示，将该三面投影图称为三视图。当形体外形较复杂时，图中的各种图线易于密集重合，给读图带来困难。因此，在原来三个投影面的基础上，可再增加与它们各自平行的三个投影面（均为基本投影面），就好像由六个投影面组成了一个方箱，把形体放在中间，然后向六个投影面进行正投影，再按图 3-26 中

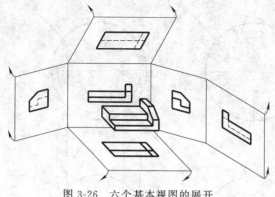

图 3-26　六个基本视图的展开

箭头方向把它们展开到一个平面上，便得到形体的六个投影图，由于它们都属于基本投影面上的投影，所以都称为基本视图。各视图的名称、排列位置如图 3-27 所示。

3.3.3　组合体视图的画法

画组合体的视图时，一般按下列步骤进行：形体分析；选择视图；画出视图；标注尺寸；填写标题栏及文字说明。

现以梁板式基础［图 3-28（a）］为例进行说明。

① 形体分析。将组合体分解成一些基本体，并弄清它们的相对位置，如图 3-28（b）所示。梁板式基础可分解成最下边的长方形板，中间的四根矩形梁及八棱柱础和最上边的四棱柱。四根梁在柱的四边，其位置前后左右对称。柱在八棱柱础的中央，也在矩形板的中央。

② 选择视图，主要包括两个方面。

a. 确定安放位置。一般形体按正常位置安放，主要考虑三点：一要将形体的主要表面平行或垂直于基本投影面，这样视图的实形性好，而且视图的形状简单、画图容易；二要使主视图反映出形体的主要特征，如图 3-28（a）所示，将 A 向作主视图就好，将 B 向作主视图就差；三要使各视图中的虚线较少。

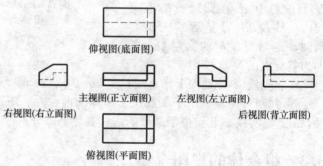

仰视图(底面图)

主视图(正立面图)　　左视图(左立面图)

右视图(右立面图)　　　　　　　　　　后视图(背立面图)

俯视图(平面图)

图 3-27　六个基本视图的名称及位置

b. 确定视图数量。其原则是在保证完整清晰地表达出形体各部分形状和位置的前提下，视图数量应尽量少。如梁板式基础，由于梁柱前后左右对称，所以只需 H、V、W 三个视图。

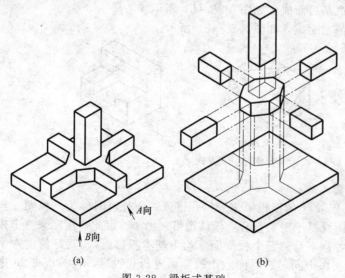

③ 画出视图（图 3-29）。

a. 根据形体大小和注写尺寸、图名及视图间的间隔所需面积，选择适当的图幅和比例。

b. 布置视图。先画出图框和标题栏线框，确定出图纸上可画图的范围，然后安排三个视图的位置，使每个视图在注完尺寸及写出图名后它们之间的距离及它们与图框线之间的距离大致相等。

c. 画底图。根据形体分析，先主后次、先大后小地逐个画出各基本体的视图。

注意，形体实际上是一个

A向

B向

(a)　　　　　　　　　　(b)

图 3-28　梁板式基础

不可分割的整体，形体分析仅仅是一种假想的分析方法。当将组合体分解成各个基本体，又还原成组合体时，同一个平面上就不应该有交线，图 3-29 中梁和底板侧面之间、梁和八棱柱础的顶面之间就不应该有交线。

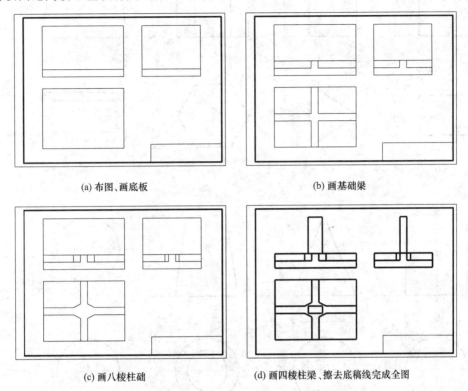

(a) 布图、画底板　　　　　　　　　　　　　　　(b) 画基础梁

(c) 画八棱柱础　　　　　　　　　(d) 画四棱柱梁、擦去底稿线完成全图

图 3-29　梁板式基础的作图步骤

　　d. 加深图线。经检查无误后，擦去多余线，并按规定的线型加深。如有不可见的棱线，就画成虚线。

　　④ 标注尺寸。

　　⑤ 填写标题栏及必要的文字说明，完成全图。

3.3.4　组合体视图的尺寸标注

　　视图是表达形体形状的依据，尺寸是表达形体大小的依据，施工制作时缺一不可。

　　(1) 组合体的尺寸分类

　　组合体是由基本几何体所组成，只要标注出这些基本几何体的大小及它们之间的相对位置，就完全确定了组合体的大小。

　　① 定形尺寸　确定组合体中各基本几何体大小的尺寸，称为定形尺寸。一般按基本几何体的长、宽、高三个方向来标注，但有的形体由于其形状较特殊，也可只注两个或一个尺寸，如图 3-30 所示。

　　② 定位尺寸　确定组合体中各基本几何体之间相对位置的尺寸，称为定位尺寸。一般按基本几何体之间的前后、左右、上下位置来标注。标注定位尺寸，先要选择尺寸标注的起点，视组合体的不同组成，一般可选择投影面的平行面、形体的对称面、轴线、中心线等作为尺寸标注的起点，并且可以有一个或多个这样的起点。

　　如图 3-31 所示，组合体平面图中圆柱定形尺寸为 $\phi 8$，矩形孔定形尺寸为 12×14。为确定圆柱和矩形孔在组合体中的位置，就需标出它们的定位尺寸。在长度方向上，以底板左端面为起点标注出圆柱的定位尺寸是 10，再以此圆柱中心线为起点标注出矩形孔左端面的定

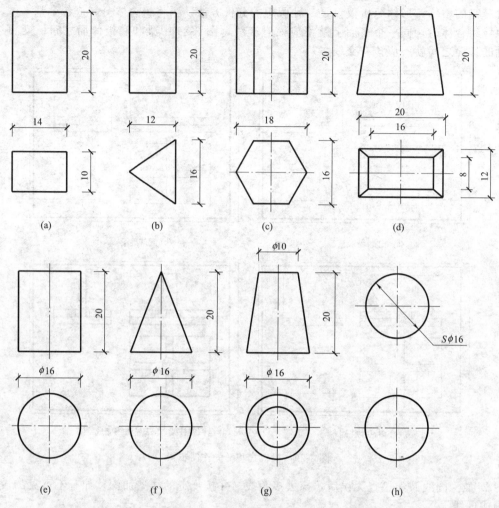

图 3-30　基本几何体的尺寸标注

位尺寸是 8；在宽度方向上，对于圆柱和矩形孔，若以中间对称面为基准，则前后对称，所以可不标出定位尺寸，也可以底板前端面为起点标注出矩形孔前面的定位尺寸是 3，再以该面为起点，标注出圆柱中心线的定位尺寸是 7，圆柱中心线也是矩形孔的对称线，最后标出矩形孔的另一半尺寸是 7；在高度方向上，因为圆柱直接放在底板上，矩形孔是穿通的，所以不必标注定位尺寸。

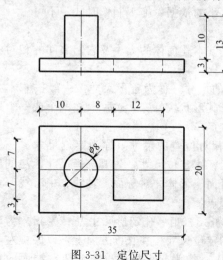

图 3-31　定位尺寸

③ 总尺寸　表示组合体总长、总宽、总高的尺寸，称为总尺寸。如图 3-31 所示，长×宽×高＝35×20×13 就是该组合体的总尺寸。当形体的定形尺寸与总尺寸相同时只取一个表示即可。

(2) 尺寸的标注

一般按以下原则标注。

① 尺寸标注明显　尺寸尽可能标注在最能反映形体特征的视图上。

② 尺寸标注集中　同一基本体的定形、定位

尺寸尽量集中标注；与两视图有关的尺寸，应标在两视图之间的位置。

③ 尺寸布置整齐　大尺寸布置在外，小尺寸布置在内，各尺寸线之间的间隔大约相等，尺寸线和尺寸界线应避免交叉。

④ 保持视图清晰　尺寸尽量布置在视图之外，少布置在视图之内；虚线处尽量不注尺寸。

3.3.5　组合体视图的阅读

读图是由视图想象出形体空间形状的过程，它是画图的逆过程。读图是增强空间想象力的一个重要环节，必须掌握读图的方法和多实践才能达到提高读图能力的目的。

（1）读图的基本要素

① 掌握形体三视图的基本关系，即"长对正、高平齐、宽相等"三等关系。

② 掌握各种位置直线、平面的投影特性（实形性、积聚性、类似性）及截交线、相贯线的投影特点。

③ 联系形体各个视图来读图。形体表达在视图上，需两个或三个视图。读图时，应将各个视图联系起来，只有这样才能完整、准确地想象出空间形体来。如图 3-32 所示，它们的主视图、右视图都相同，但俯视图不同，所以其空间形体也各不相同。

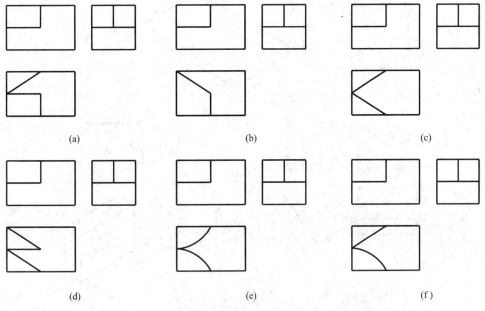

图 3-32　联系各视图判断形体的形状

（2）读图的方法

读图的方法一般可分为形体分析法和线面分析法。

① 形体分析法　读图时，首先要对组合体作形体分析，了解它的组成，然后将视图上的组合体分解成一些基本体。根据各基本体的视图想象出它们的形状，再根据各基本体的相对位置，综合想象出组合体的形状。把组合体分解成几个基本体并找出它们相应的各视图，是运用形体分析法读图的关键。应注意组成组合体的每一个基本体，其投影轮廓线都是一个封闭的线框，即视图上每一个封闭线框一定是组合体或组成组合体的基本体投影的轮廓线，对一个封闭的线框可根据"三等"关系找出它的各视图来。此法多用于叠加式组合体。

【例 3-17】　根据图 3-33 所示组合体的三视图，想象其形状。

解　根据图 3-33 的主视图、左视图了解到该组合体由三部分所组成，因此将其分解为三个基本体。由组合体左视图中的矩形线框 1″，用"高平齐"找出其 V 面投影为矩形线框

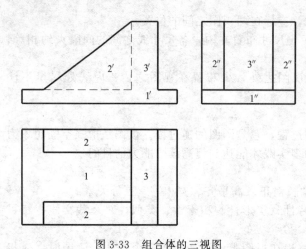

图 3-33　组合体的三视图

1′，用"长对正、宽相等"找出 H 面投影为矩形线框1。把它们从组合体中分离出形体的三视图，如图 3-34（a）所示。由三视图想象出的形状是长方形板Ⅰ。

同理，由线框 2″找出其线框 2′和2，分离出形体的三视图，如图 3-34（b）所示。由此想出的形状是三角形板Ⅱ。

由线框 3″找出 3′和3，分离出形体的三视图，如图 3-34（c）所示，由此想出的形状是长方形板Ⅲ。

把上述分别想得的基本体按照图 3-33所给定的相对位置组合成整体，就得视图所表示的空间形体的形状，如图 3-35 所示。

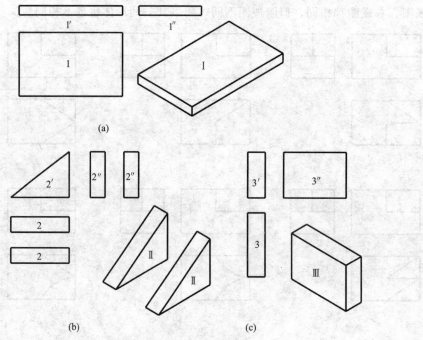

图 3-34　组合体的形体分析

② 线面分析法　根据形体中线、面的投影，分析它们的空间形状和位置，从而想象出它们所组成的形体的形状。此法多用于截割式组合体。用线面分析法读图，关键是要分析出视图中每一条线段和每一个线框的空间意义。

a. 线条的意义　视图中的每一线条可以是下述三种情况之一：表示两面的交线，如图 3-36（a）中的 L；表示平面的积聚投影，如图 3-36（b）中的 R；表示曲面的转向轮廓线，如图 3-36（c）中立面图上的 m'。

若三视图中无曲线，则空间形体无曲面，如图 3-36（a）、（b）所示。若三视图中有曲线，则空间形体有曲面，如图 3-36（c）所示。

b. 线框的意义

一般情况：一个线框表示形体上一个表面的投影，如图 3-36（b）中的 Q、T 都表示一个平面。

特殊情况：一个线框表示形体上两个端面的重影，如图 3-36（a）中的 P'' 就表示了形体的两个棱面 P 在 W 面上的投影。

相邻两线框表示两个面：若两线框的分界线是线的投影，则表示该两面相交，如图3-36（a）的分界线 L 是两面的交线；若两线框的分界线是面的积聚投影，则表示两面有前后、高低、左右之分，如图 3-36（b）的分界线是平面 R 的积聚投影，平面 Q 和 T 就有前后、左右之分。

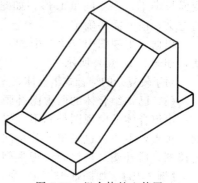

图 3-35　组合体的立体图

【例 3-18】　试用线面分析法读图 3-37（a）所示形体的空间形状。

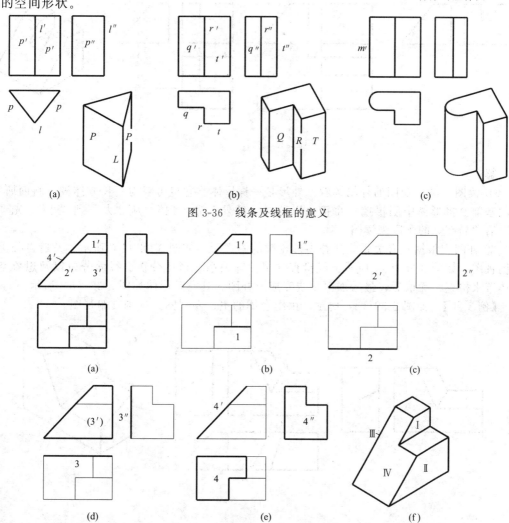

图 3-36　线条及线框的意义

（a）　　　　　　（b）　　　　　　（c）

（a）　　　（b）　　　（c）

（d）　　　（e）　　　（f）

图 3-37　线面分析法读图

解　在主视图中，共有三个线框和五条线段。首先分析线框 $1'$，如图 3-37（b）所示，利用三等关系，由"高平齐"找到其侧面投影 $1''$；由"长对正、宽相等"找出其对应的水平投影 1；线框Ⅱ和线框Ⅲ在空间也是正平面，其形状均为四边形，如图 3-37（c）、（d）所示。

再分析线段 $4'$，根据"长对正、高平齐"可知它是一个正垂面，对应的是水平投影 4 和侧面投影 4″，在空间呈 L 形，如图 3-37（e）所示。同理，可分析出主视图中其他线段的空间意义，根据需要确定。

根据对主视图中三个线框和一条线段的分析，就可想象出由它们所围成的形体的空间形状，如图 3-37（f）所示。

对于较复杂的综合式组合体，先以形体分析法分解出各基本体，后用线面分析法读懂难点。

（3）已知组合体的两视图补画第三视图

由组合体的两视图补画第三视图（简称"二补三"），是培养读图能力和检验读图效果的一种重要手段，也是培养分析问题和解决问题能力的一种重要方法。"二补三"的步骤是：先读图，后补图，再检查。现举例如下。

【例 3-19】 如图 3-38（a）所示，由组合体的主、右视图补画其俯视图。

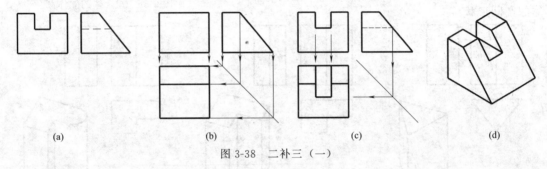

图 3-38　二补三（一）

解

① 读图　从左视图的外轮廓看，外形是一梯形体。它也可视为一长方体被一斜面所截，在此基础上将形体中间再挖一个槽。以这样从"外"到"内"、从"大"到"小"、先"整体"后"局部"的顺序来读图。

② 补图　根据三等关系，先补出外轮廓的俯视图，如图 3-38（b）所示；然后再补出槽的俯视图，如图 3-38（c）所示。经检查（用三等关系、形体分析、线面分析以及想象空间形体等来检查）无误后，最后加深图线完成所补图。其空间形体如图 3-38（d）所示。

【例 3-20】 如图 3-39（a）所示，由组合体的主、左视图，补画其俯视图。

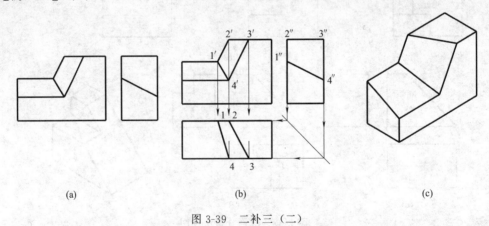

图 3-39　二补三（二）

解

① 读图　从主视图的外轮廓看，它是一长方体左上部被两个平面所截后剩下的部分。从"高平齐"可看出，左边一截平面是侧垂面（W 面上积聚为一直线），右边一截平面是一斜面（V 面、W 面上均为类似图形）。由此来想象形体的形状。

② 补图　先由三等关系画出俯视图的外轮廓，然后根据主、左视图上的相关点（这些点可自行标出序号，如 $1'$、$2'$、$3'$、$4'$ 和 $1''$、$2''$、$3''$、$4''$），补出俯视图上相应的点（1、2、3、4），连点成线。经检查无误后，最后加深图线即得所求，如图 3-39（b）所示。其空间形状如图 3-39（c）所示。

【例 3-21】　如图 3-40（a）所示，由组合体的主、左视图补画其俯视图。

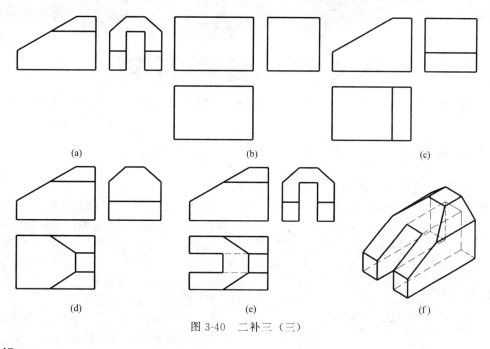

图 3-40　二补三（三）

解

① 读图　从主视图看，该形体外轮廓为一矩形体左上部分被斜面截掉了，从左视图看，也为矩形体的外轮廓其上部两边各被截掉一个角，下部中间部分被挖去了一个矩形槽。由此想象出这个矩形体被截去、挖掉后的形状。

② 补图　根据三等关系，先补出形体未被截割时的外轮廓的 H 面投影——矩形线框，如图 3-40（b）所示。然后画出形体左上部分被截去后的 H 面投影，如图 3-40（c）所示。再画出形体右上部分各被截去角后的 H 面投影，如图 3-40（d）所示。最后画出形体下部中间被挖去一个矩形槽后的 H 面投影，经检查无误后加深图线即得俯视图，如图 3-40（e）所示。图 3-40（f）所示为形体的立体图。

第4章 轴测投影

4.1 基本知识

4.1.1 轴测图的形成与作用

将空间一形体按平行投影法投影到平面 P 上，使平面 P 上的图形同时反映出空间形体的三个面来，该图形就称为轴测投影图，简称轴测图。

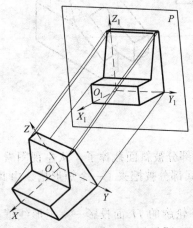

图 4-1 轴测投影的形成

为研究空间形体三个方向长度的变化，特在空间形体上设一直角坐标系 O -XYZ，以代表形体的长、宽、高三个方向，并随形体一并投影到平面 P 上。于是在平面 P 上得到 O_1-$X_1Y_1Z_1$，如图 4-1 所示。

一般用 S 表示轴测投影方向；P 表示轴测投影面；O_1-$X_1Y_1Z_1$ 表示轴测投影轴，简称轴测轴。

由于轴测投影面 P 上同时反映了空间形体的三个面，所以其图形富有立体感。这一点恰好弥补了正投影图的缺点。但其作图复杂，量度性较差，因此在工程实践中一般只作为辅助性图样。

4.1.2 轴测图的分类

① 正轴测投影——坐标系 O -XYZ 中的三个坐标轴都与投影面 P 相倾斜，投影方向 S 与投影面 P 相垂直所形成的轴测投影。

② 斜轴测投影——一般坐标系 O -XYZ 中有两个坐标轴与投影面 P 相平行，投影方向 S 与投影面 P 相倾斜所形成的轴测投影。

4.1.3 轴测图中的轴间角与变形系数

轴测轴之间的夹角称为轴间角，如图 4-1 中 $\angle X_1O_1Y_1$、$\angle Y_1O_1Z_1$、$\angle Z_1O_1X_1$。

形体在坐标轴（或其平行线）上的定长的投影长度与实长之比，称为轴向变形系数，简称变形系数。$p = \dfrac{O_1X_1}{OX}$ 称为 X 轴向变形系数；$q = \dfrac{O_1Y_1}{OY}$ 称为 Y 轴向变形系数；$r = \dfrac{O_1Z_1}{OZ}$ 称为 Z 轴向变形系数。

轴间角确定了形体在轴测投影图中的方位，变形系数确定了形体在轴测投影图中的大小，这两个要素是作出轴测图的关键。

4.1.4 轴测图的特点

① 因轴测投影是平行投影，所以空间一直线其轴测投影一般仍为一直线；空间互相平行的直线其轴测投影仍相互平行；空间直线的分段比例在轴测投影中仍不变。

② 空间与坐标轴平行的直线，轴测投影后其长度可沿轴量取；与坐标轴不平行的直线，轴测投影后就不可沿轴量取，只能先确定两端点，然后再画出该直线。

③ 由于投影方向 S 和空间形体的位置可以是任意的，所以可得到无数个轴间角和变形系数，同一形体也可画出无数个不同的轴测图。

4.2　正等测图

正等测属正轴测投影中的一种类型。它是由坐标系 O-XYZ 的三个坐标轴与投影面 P 所成夹角均相等时所形成的投影。此时，它的三个轴向变形系数都相等，故称正等轴测投影（简称正等测）。由于其画法简单，立体感较强，所以在工程上较常用。

4.2.1　正等测的轴间角与变形系数

轴间角：三个轴测轴之间的夹角均为 120°。当 O_1Z_1 轴处于竖直位置时，O_1X_1、O_1Y_1 两轴分别与水平线成 30°，这样可方便利用三角板画图。

变形系数：三个轴向变形系数的理论值为 $p=q=r=0.82$。为作图简便，取简化值 $p=q=r=1$（画图时，形体的长度、宽度、高度都不变），如图 4-2 所示。这对形体的轴测投影图的形状没有影响，只是图形放大了 1.22 倍。如图 4-3 所示，图（a）为形体的正投影图；图（b）为 $p=q=r=0.82$ 时的轴测图；图（c）为 $p=q=r=1$ 时的轴测图。

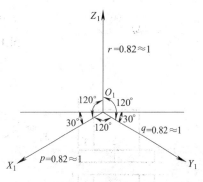

图 4-2　正等测的轴间角与变形系数

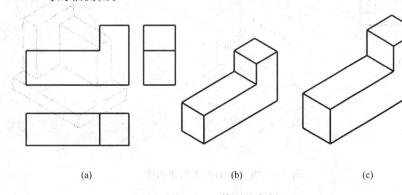

| (a) | (b) | (c) |

图 4-3　正等测的实例

4.2.2　正等测图的画法

【例 4-1】　如图 4-4（a）所示，作三棱柱的正等测图。

解

① 定坐标轴。把坐标原点选在三棱柱下底面的后边中点，且使 X 轴与其后边重合。这样可在轴测轴上方便量取各边长度，如图 4-4（a）所示。

② 根据正等测的轴间角画出轴测轴 O_1-$X_1Y_1Z_1$，如图 4-4（b）所示。

③ 根据三棱柱各角点的坐标（长度），画出底面的轴测图。

④ 根据三棱柱的高度，画出三棱柱的上底面及各棱线，如图 4-4（c）所示。

⑤ 擦去多余图线，加深图线即得所求，如图 4-4（d）所示。

画这类基本体时，主要根据形体各点在坐标上的位置来画。这种方法称为坐标法。这种方法是轴测图最基本的画法。其中坐标原点的位置选择较重要，如选择恰当，作图就简便快捷。

【例 4-2】　如图 4-5（a）所示，作组合体的正等测图。

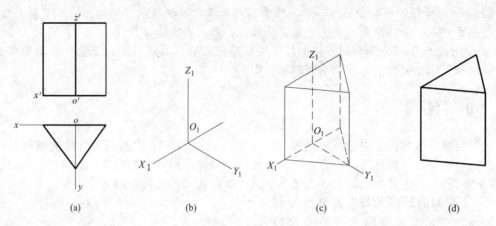

图 4-4　三棱柱的正等测图画法

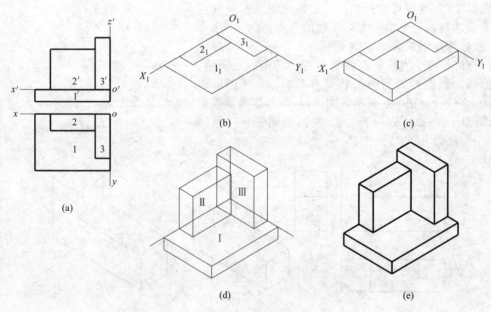

图 4-5　组合体的正等测图画法

　　解　把该组合体分为三个基本体，如图 4-5（d）所示。

　　① 定坐标轴。把坐标原点选在 I 体上底面的右后角上，如图 4-5（a）所示。

　　② 根据正等测的轴间角及各点的坐标在 I 体的上底面画出组合体 H 面投影的轴测图，如图 4-5（b）所示。

　　③ 根据 I 体的高度，画出 I 体的轴测图，如图 4-5（c）所示。

　　④ 根据 II 体、III 体的高度，画出它们的轴测图，如图 4-5（d）所示。

　　⑤ 擦去多余线，加深图线即得所求，如图 4-5（e）所示。

　　画叠加类组合体的轴测图，应分先后、主次画出组合体各组成部分的轴测图，每一部分的轴测图仍用坐标法画出，但应注意各部分之间的相对位置关系。

　　【例 4-3】　如图 4-6（a）所示，作形体的正等测图。

　　解

　　① 定坐标轴，如图 4-6（a）所示。

　　② 画出正等测的轴测轴，并在其上画出形体未截割时的外轮廓的正等测图，如图

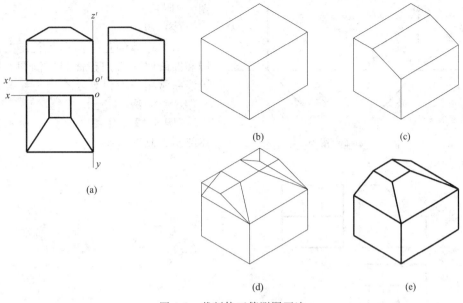

图 4-6　截割体正等测图画法

4-6（b）所示。

③ 在外轮廓体的基础上，应用坐标法先后进行截割，如图 4-6（c）、（d）所示。

④ 擦去多余线，加深图线即得所求，如图 4-6（e）所示。

画这类由基本体截割后的形体的轴测图，应先画基本体的轴测图，再应用坐标法在该基本体内画各截交线。最后擦掉截去部分即得所需图形。

4.3　斜轴测图

通常将坐标系 O-XYZ 中的两个坐标轴放置在与投影面平行的位置，所以较常用的斜轴测投影有正面斜轴测投影和水平斜轴测投影。但无论哪一种，如果它的三个变形系数都相等，就称为斜等测轴测投影（简称斜等测）。如果只有两个变形系数相等，就称为斜二测轴测投影（简称斜二测）。

4.3.1　正面斜轴测图

（1）形成

如图 4-7 所示，当坐标面 XOZ（形体的正立面）平行于轴测投影面 P，而投影方向倾斜于轴测投影面 P 时所得到的投影，称为正面斜轴测投影。由该投影所得到的图就是正面斜轴测图。

轴测轴：由于 OX、OZ 两轴都平行于轴测投影面，其投影不发生变形，$\angle X_1O_1Z_1$ $=90°$；OY 轴垂直于轴测投影面，由于投影方向倾斜于轴测投影面，所以它是一条倾斜线，一般取与水平线成 $45°$。

变形系数：当 $p=q=r=$ 1 时，称斜等测；当 $p=r=$ 1，$q=0.5$ 时，称斜二测，如

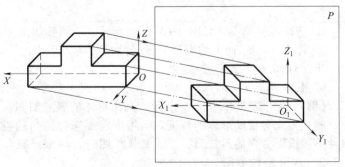

图 4-7　正面斜轴测投影的形成

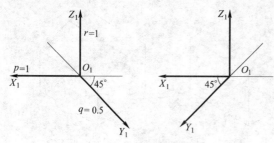

图 4-8 正面斜二测轴间角和变形系数

图 4-8 所示。

（2）应用

对于形体的正平面形状较复杂或具有圆和曲线时，常用正面斜二测图；对于管道线路常用正面斜等测图。

（3）画法

【例 4-4】 如图 4-9（a）所示，作形体的斜二测图。

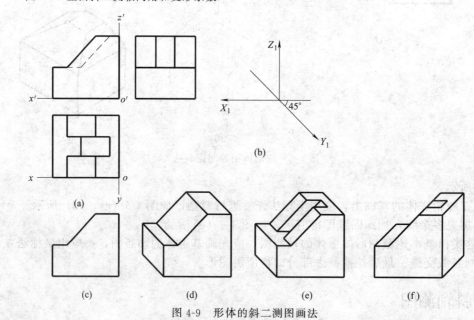

图 4-9 形体的斜二测图画法

解

① 选择坐标原点和斜二测的 O_1-$X_1Y_1Z_1$，如图 4-9（a）、（b）所示。

② 将反映实形的 $X_1O_1Z_1$ 面上的图形如实照画，如图 4-9（c）所示。

③ 由各点引 Y_1 方向的平行线，并量取实长的一半（$q=0.5$），连各点得形体的外形轮廓的轴测图，如图 4-9（d）所示。

④ 根据被截割部分的相对位置定出各点，再连线，最后加深图线即得所求，如图 4-9（e）所示。

注意，所画轴测图应充分反应形体的特征，图 4-9（e）就好，图 4-9（f）就不好。

【例 4-5】 如图 4-10（a）所示，画出花格的斜二测图。

解

① 选择坐标原点，如图 4-10（a）所示，轴测轴如图 4-10（b）所示。

② 将 $X_1O_1Z_1$ 面上的图形照画，然后过各点引 Y_1 方向的平行线，并在其上量取实长的一半（$q=0.5$），连各点成线。

③ 擦去多余线，加深图线即得所求，如图 4-10（c）所示。

【例 4-6】 如图 4-11（a）所示，画出形体的斜二测图。

解 为充分反映形体的特征，可根据需要选择适当的投影方向。图 4-11（b）就是形体四种不同投影方向的斜二测投影。具体作图时，除坐标原点选择位置外，其他作法均不变。

4.3.2 水平斜轴测图

（1）形成

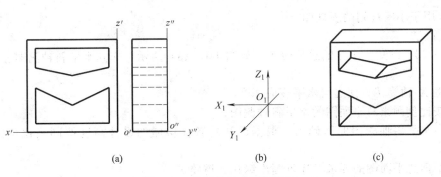

图 4-10　花格的斜二测图画法

当坐标面 XOY（形体的水平面）平行于轴测投影面，而投影方向倾斜于轴测投影面时所得到的投影，称为水平斜轴测投影。由该投影所得到的图就是水平斜轴测图。

轴测轴：由于 OX、OY 两轴都平行于轴测投影面，其投影不发生变形，$\angle X_1 O_1 Y_1 = 90°$，OZ 轴的投影为一斜线，一般取 $\angle X_1 O_1 Z_1 = 120°$，如图 4-12（a）所示。为符合视觉习惯，常将 $O_1 Z_1$ 轴取为竖直线，这就相当于整个坐标旋转了 30°，如图4-12（b）所示。

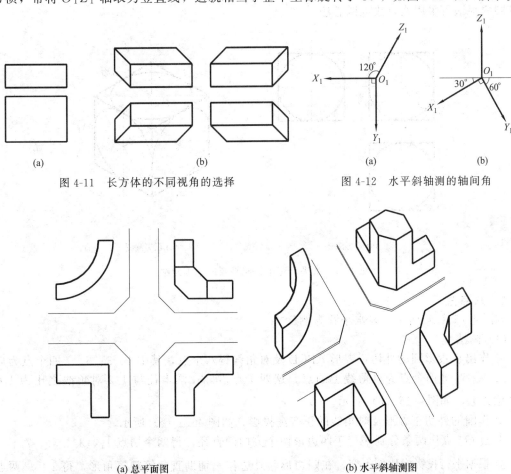

图 4-11　长方体的不同视角的选择　　图 4-12　水平斜轴测的轴间角

（a）总平面图　　　　　　　　　　（b）水平斜轴测图

图 4-13　小区的水平斜轴测图

变形系数：$p = q = r = 1$。

（2）应用

通常用于小区规划的表现图。

（3）画法

【例4-7】 已知一小区的总平面图，如图4-13（a）所示，作其水平斜轴测图。

解

① 将 X 轴旋转，使之与水平线成30°。

② 按比例画出总平面图的水平斜轴测图。

③ 在水平斜轴测图的基础上，根据已知的各幢房屋的设计高度按同一比例画出各幢房屋。

④ 根据总平面图的要求，还可画出绿化、道路等。

⑤ 擦去多余线，加深图线，如图4-13（b）所示。

完成上述作图后，还可着色，形成立体的彩色图。

4.4 坐标圆的轴测图

在正等测投影中，当圆平面平行于某一轴测投影面时，其投影为椭圆，如图4-14所示。其椭圆的画法可采用八点法或四心法。

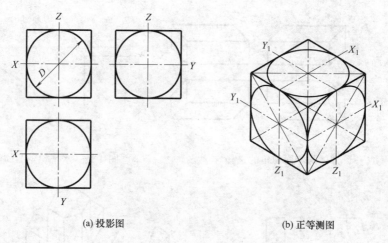

(a) 投影图　　　　　　　　(b) 正等测图

图4-14　水平、正平、侧平圆的正等测图

4.4.1 八点法

如图4-15（a）所示，以水平圆为例。

（1）画法

① 作出正投影圆的外切正方形 ABCD 及对角线得八个点，其中1、3、5、7四个点为切点，2、4、6、8四个点为对角线上的点。这四个点恰好在圆半径与1/2对角线之比为1：$\sqrt{2}$ 的位置上，如图4-15（b）所示。

② 作圆的外切正方形及对角线的正等测投影，如图4-15（c）所示。

③ 过 O_1 点作两条分别平行于四边形两个方向的直径，得四个切点 1_1、3_1、5_1、7_1。

④ 根据平行投影中比例不变，在四边形一外边作一辅助直角等腰三角形，得1：$\sqrt{2}$ 两点 e_1、f_1。然后过这两点作外边的平行线，得 2_1、4_1、6_1、8_1 四个点，如图4-15（d）所示。

⑤ 光滑连接这八个点，即得所求圆的正等测投影图，如图4-15（e）所示。

这种作图法，也适用于斜轴测图。

（2）应用

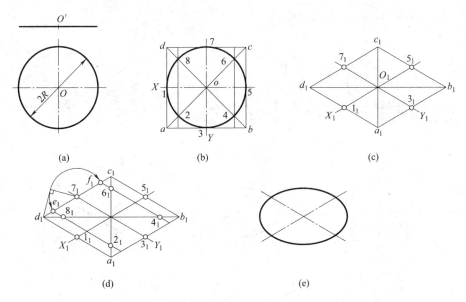

图 4-15　八点法画椭圆

【例 4-8】　如图 4-16（a）所示，试根据圆锥台的正投影图画出其正等测图。

解

① 根据圆锥台的高 Z 画出其上、下底圆的外切四边形的正等测图，如图 4-16（b）所示。

② 用八点法画出上、下底圆的正等测投影图，如图 4-16（c）所示。

③ 作上、下两椭圆的公切线（外轮廓线），擦掉不可见线，即得所求，如图 4-16（d）所示。

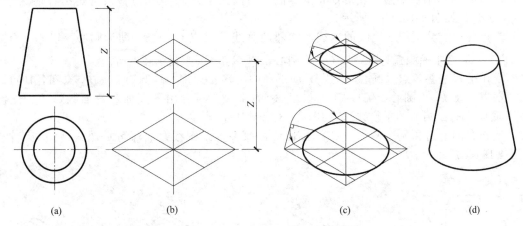

图 4-16　圆锥台的正等测图画法

4.4.2　四心法

如图 4-17（a）所示，以水平圆为例。

（1）画法

① 作圆的外切正方形及对角线和过圆心的中心线，并作它的正等测图，如图 4-17（b）、（c）所示。

② 以短边对角线上的两顶点 a_1、c_1 为两个圆心 O_1、O_2，以 $O_1 4_1$、$O_1 3_1$ 与长边对角线的交点 O_3、O_4 为另两个圆心，求得四个圆心，如图 4-17（d）所示。

③ 分别以 O_1、O_2 为圆心，以 $O_1 4_1$ 和 $O_2 2_1$ 为半径画弧，又分别以 O_3、O_4 为圆心，

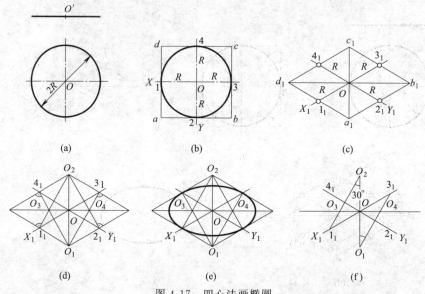

图 4-17　四心法画椭圆

以 $O_3 1_1$ 和 $O_4 3_1$ 为半径画弧。这四段弧就形成了圆的正等测图，如图 4-17（e）所示。

在实际作图时，可不必画出菱形，即过 1_1 作与短轴成 30° 的直线，它交长、短轴于 O_3、O_2，利用对称性可求得 O_4、O_1，如图 4-17（f）所示。再以上述第③步画出椭圆。

（2）应用

【例 4-9】　如图 4-18（a）所示，已知带圆角的 L 形平板的正投影，画出其正等测图。

解

① 画出 L 形平板矩形外轮廓的正等测图，由圆弧半径 R 在相应棱线上定出各切点 1_1、2_1、3_1、4_1，如图 4-18（b）所示。

② 过各切点分别作该棱线的垂线，相邻两垂线的交点 O_1、O_2 即为圆心。以 O_1 为圆心，以 $O_1 1_1$ 为半径画弧 $1_1 2_1$，以 O_2 为圆心，以 $O_2 3_1$ 为半径画弧 $3_1 4_1$。

③ 用平移法将各点（圆心、切点）向下和向后移 h 厚度，得圆心 k_1、k_2 点和各切点。

④ 以 k_1、k_2 为圆心，仍以 $O_1 1_1$、$O_2 3_1$ 为半径就可画出下底面和背面圆弧的轴测图（即上底面、前面圆弧的平行线），如图 4-18（c）所示。

⑤ 作右侧前边和上边两小圆弧的公切线，擦去多余图线，加深可见图线就完成全图，如图 4-18（d）所示。

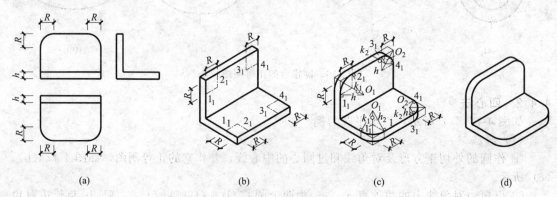

图 4-18　组合体的正等测投影

第5章　剖面图和断面图

在画物体的正投影图时，虽然能表达清楚物体的外部形状和大小，但物体内部的孔洞以及被外部遮挡的轮廓线则需要用虚线来表示。当物体内部的形状较复杂时，在投影中就会出现很多虚线，且虚线相互重叠或交叉，既不便看图，又不利于标注尺寸，而且难于表达出物体的材料。

图 5-1 所示的钢筋混凝土杯形基础，其 V 面投影中就出现了表达其杯形空洞的虚线。为此，假想用一个剖切平面 P 沿前后对称平面将其剖开，如图 5-2（a）所示，把位于观察者和剖切平面之间的部分移去，而将剩余部分向 P 所平行的投影面进行投影，所得的图就称为剖面图，如图 5-2（b）所示。

当剖切平面剖开物体后，其剖切平面与物体的截交线所围成的平面图形，就称为断面（或截面）。如果只把这个断面向 P 所平行的投影面进行投影，所得的图则称为断面图，如图 5-2（c）所示。

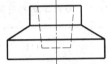
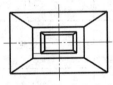

图 5-1　杯形基础的投影图

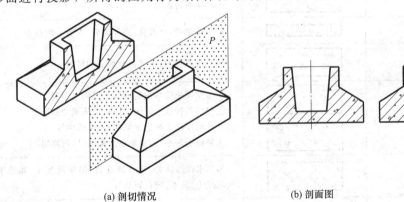

(a) 剖切情况　　　　　　(b) 剖面图　　　　　(c) 断面图

图 5-2　杯形基础的剖面图和断面图

5.1　剖面图的画法及分类

5.1.1　剖面图的画法

（1）确定剖切平面的位置

剖切平面应平行于投影面，且尽量通过物体的孔、洞、槽的中心线。如要将 V 面投影画成剖面图，则剖切平面应平行于 V 面；如果要将 H 面投影或 W 面投影画成剖面图时，则剖切平面应分别平行于 H 面或 W 面。

（2）剖面图的图线及图例

如图 5-2（b）所示，物体被剖切后所形成的断面轮廓线，用粗实线画出；物体未剖到部分的投影轮廓线用细实线画出；看不见的虚线，一般省略不画。

为使物体被剖到部分与未剖到部分区别开来，使图形清晰可辨，应在断面轮廓范围内画上表示其材料种类的图例。材料的图例应符合《房屋建筑制图统一标准》（GB/T 50001—2010）规定要求，常用的建筑材料图例见表 5-1。

表 5-1 常用建筑材料图例（摘自 GB/T 50001—2010）

序号	名　称	图　例	说　明
1	自然土壤		包括各种自然土壤
2	夯实土壤		—
3	砂、灰土		—
4	砂砾石、碎砖三合土		—
5	石材		—
6	毛石		—
7	普通砖		包括实心砖、多孔砖、砌块等砌体。断面较窄不易画出图例线时，可涂红，并在图纸备注中加注说明，画出该材料图例
8	耐火砖		包括耐酸砖等砌体
9	空心砖		指非承重砖砌体
10	饰面砖		包括铺地砖、马赛克、陶瓷锦砖、人造大理石等
11	焦渣、矿渣		包括与水泥、石灰等混合而成的材料
12	混凝土		①本图例指能承重的混凝土及钢筋混凝土 ②包括各种强度等级、骨料、添加剂的混凝土 ③在剖面图上画出钢筋时，不画图例线 ④断面图形小，不易画出图例线时，可涂黑
13	钢筋混凝土		
14	多孔材料		包括水泥珍珠岩、沥青珍珠岩、泡沫混凝土、非承重加气混凝土、软木、蛭石制品等
15	纤维材料		包括矿棉、岩棉、玻璃棉、麻丝、木丝板、纤维板等
16	泡沫塑料材料		包括聚苯乙烯、聚乙烯、聚氨酯等多孔聚合物类材料
17	木材		①上图为横断面，左上图为垫木、木砖活木龙骨 ②下图为纵断面
18	胶合板		应注明×层胶合板
19	石膏板		包括圆孔、方孔石膏板、防水石膏板、硅钙板、防火板等

序号	名 称	图 例	说 明
20	金属		①包括各种金属 ②图形小时，可涂黑
21	网状材料		①包括金属、塑料等网状材料 ②注明材料
22	液体		注明液体名称
23	玻璃		包括平板玻璃、磨砂玻璃、夹丝玻璃、钢化玻璃、中空玻璃、夹层玻璃、镀膜玻璃等
24	橡胶		—
25	塑料		包括各种软、硬塑料及有机玻璃等
26	防水材料		构造层次多或比例大时，采用上图例
27	粉刷		本图例采用较稀的点

当不必指明材料种类时，应在断面轮廓范围内用细实线画上 45°的剖面线，同一物体的剖面线应方向一致，间距相等。

（3）剖面图的标注

为了看图时便于了解剖切位置和投影方向，寻找投影的对应关系，还应对剖面图进行以下的剖面标注。

① 剖切符号 剖面图的剖切符号，应由剖切位置线及剖视方向线组成，均应以粗实线绘制。剖切位置线的长度为 6～10mm；剖视方向线应垂直于剖切位置线，长度为 4～6mm（图 5-3）。绘图时，剖面剖切符号不宜与图面上的图线相接触。

② 剖面剖切符号的编号 在剖视方向线的端部宜按顺序由左至右，由下至上用阿拉伯数字编排注写剖面编号，并在剖面图的下方正中分别注写 1—1

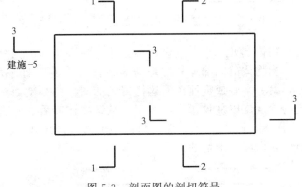

图 5-3 剖面图的剖切符号

剖面图、2—2 剖面图、3—3 剖面图等以表示图名。图名下方还应画上粗实线，粗实线的长度与图名字体的长度相等（图 5-4）。

必须指出：剖切平面是假想的，其目的是表达出物体内部形状，故除了剖面图和断面图外，其他各投影图均按原来未剖时画出。一个物体无论被剖切几次，每次剖切均按完整的物体进行。

另外，对通过物体对称平面的剖切位置，或习惯使用的位置，或按基本视图的排列位置，则可以不注写图名，也无需进行剖面标注，如图 5-5 所示。

5.1.2 剖面图的分类

（1）全剖面图——用一个剖切平面将物体全部剖开

图 5-5 所示为洗涤盆的投影，从图中可知，物体外形比较简单。而内部有圆孔，故剖切

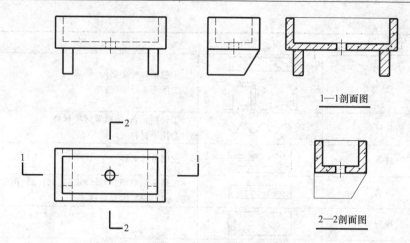

图 5-4　剖面图的剖切位置、编号及图名

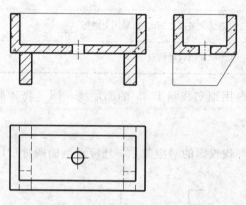

图 5-5　剖面图不注写编号的情况

平面沿洗涤盆圆孔的前后、左右对称平面而分别平行于 V 面和 W 面把它全部剖开，然后分别向 V 面和 W 面进行投影，即可得到如图 5-4 所示的 1—1 剖面图和 2—2 剖面图。

图 5-5 所示为将 V 面和 W 面投影取剖面后，用剖面图代替原 V 面投影和 W 面投影，并安放在它们的相应位置，此时不必进行标注。

应当注意：图 5-5 中洗涤盆的上部为钢筋混凝土盆，下部为砖墩，剖切后虽属同一剖切平面，但因其材料不同，故在材料图例分界处要用粗实线分开。

（2）半剖面图——用两个相互垂直的剖切平面把物体剖开一半（剖至对称面止，拿去物体的四分之一）

当物体的内部和外部均需表达，且具有对称平面时，其投影以对称线为界，一半画外形，另一半画成剖面图，这样得到的图称为半剖面图。如图 5-6 所示，由于物体内部的矩形坑的深度难以从投影图中确定，且该物体前后、左右对称，故可采用半剖面图来表示。如图 5-7 所示，画出半个 V 面投影和半个 W 面投影以表示物体的外形，再配上相应的半个剖面，即可知内部矩形坑的深度。

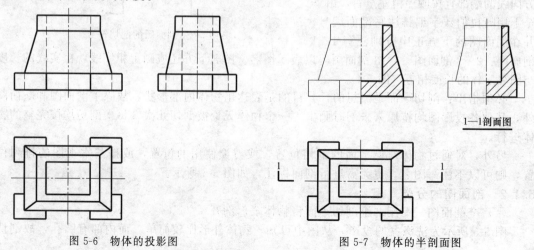

图 5-6　物体的投影图　　　　　　　图 5-7　物体的半剖面图

必须指出，在半剖面图中，如果物体的对称线是竖直方向，则剖面部分应画在对称线的右边；如果物体的对称线是水平方向，则剖面部
分应画在对称线的下边。另外，在半剖面图中，
因内部情况已由剖面图表达清楚，故表示外形的
那半边一律不画虚线，只是在某部分形状尚不能
确定时，才画出必要的虚线。根据《房屋建筑制
图统一标准》（GB/T 50001—2001）规定，由于
半剖面图是一种简化画法，因此，半剖面图的剖
切符号不应在平面图中标注。

图 5-8 所示为物体被剖去四分之一后的轴测
图。半剖面图也可以理解为假想把物体剖去四分
之一后画出的投影图，但外形与剖面的分界线应
用对称线画出。

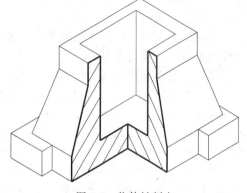

图 5-8　物体被剖去
四分之一后的轴测图

（3）阶梯剖面图——用两个或两个以上平行
的剖切平面剖切

当用一个剖切平面不能将物体需要表达的内部都剖到时，可以将剖切平面直角转折成相
互平行的两个或两个以上平行的剖切平面，由此得到的剖面图就称为阶梯剖面图。

如图 5-9 所示，双面清洗池内部有三个圆柱孔，如果用一个与 V 面平行的平面剖切，只能
剖到一个孔。故将剖切平面按图 5-9 中 H 面投影所示直角转折成两个均平行于 V 面的剖切平
面，分别通过大小圆柱孔，从而画出剖面图。图 5-9 所示的 1—1 剖面图就是阶梯剖面图。

画阶梯剖面图时，在剖切平面的起始及转折处，均要用粗短线表示剖切位置和投影方
向，同时注上剖面名称。如不与其他图线混淆时，直角转折处可以不注写编号。另外，由于
剖切面是假想的，因此，两个剖切面的转折处不应画分界线。

（4）旋转剖面图——用两个或两个以上相交的剖切平面剖切

用两个或两个以上相交的剖切平面（剖切平面的交线应垂直于某投影面）剖切物体后，
将倾斜于投影面的剖面绕其交线旋转展开到与投影面平行的位置，这样所得的剖面图就称为
旋转剖面图（或展开剖面图）。用此法剖切时，应在剖面图的图名后加注"展开"字样。

如图 5-10 所示，检查井的两圆柱孔的轴线互成 135°，采用铅垂的两剖切平面并按图中

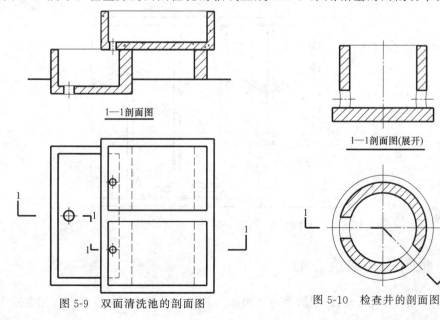

图 5-9　双面清洗池的剖面图　　　　　图 5-10　检查井的剖面图

H 面投影所示的剖切线位置将其剖开，此时左边剖面与 V 面平行，而右边与 V 面倾斜的剖面绕两剖切平面的交线旋转展开至与 V 面平行的位置，然后向 V 面投影画出的图，即该检查井的旋转剖面图。

画旋转剖面图时，应在剖切平面的起始及相交处，用粗短线表示剖切位置，用垂直于剖切线的粗短线表示投影方向。

（5）分层剖切剖面图

为了表示建筑物局部的构造层次，并保留其部分外形时，可局部分层剖切，由此而得的图称为分层剖切剖面图。如图 5-11 所示，将杯形基础的 H 面投影局部剖开画成剖面图，以显示基础内部的钢筋配置情况。画这种剖面图时，其外形与剖面图之间，应用波浪线分界，剖切范围根据需要而定。

图 5-12 所示为在墙体中预埋的管道固定支架，图中只将其固定支架的局部剖开画成剖面图，以表示支架埋入墙体的深度及砂浆的灌注情况。

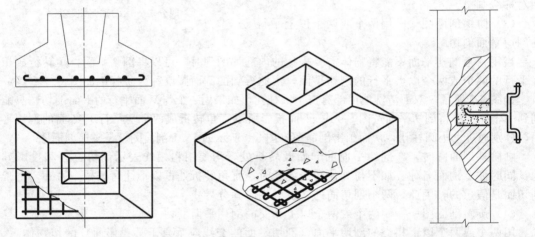

图 5-11　杯形基础的分层剖切剖面图　　　　图 5-12　墙体中固定支架处的分层剖切剖面图

图 5-13 所示为板条抹灰隔墙的分层剖切剖面图，以表示各层所用材料及作法。

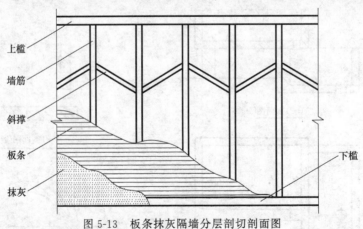

图 5-13　板条抹灰隔墙分层剖切剖面图

5.2　断面图的画法及分类

当剖切平面剖开物体后，剖切平面与物体的截交线所围成的截断面，就称为断面。如果只画出该断面的实形投影，则称为断面图。

5.2.1　断面图的画法

① 断面的剖切符号，只用剖切位置线表示；并以粗实线绘制，长度为 6～10mm（图5-14）。

② 断面剖切符号的编号，宜采用阿拉伯数字，按顺序连续编排，并注写在剖切位置线的一侧，编号所在的一侧即为该断面的剖视方向（图5-14）。

③ 断面图的正下方只注写断面编号以表示图名，如 1—1、2—2 等，并在编号数字下面画一粗短线，而省去"断面图"三个汉字（图5-14）。

④ 断面图的剖面线及材料图例的画法与剖面图相同。

图 5-14 所示为钢筋混凝土楼梯的梯板断面图。断面图与剖面图的区别在于：断面图只需画出物体被剖后的断面图形，至于剖切后沿投影方向能见到的其他部分，则不必画出；显然剖面图包含了断面图，而断面图则是剖面图的一部分；另外，断面的剖切位置线的外端，不用与剖切位置线垂直的粗短线来表示投影方向，而用断面编号数字的注写位置来表示，如图 5-14 所示，1—1 断面的编号注写在剖切位置线的右侧，则表示剖切后向右方投影。

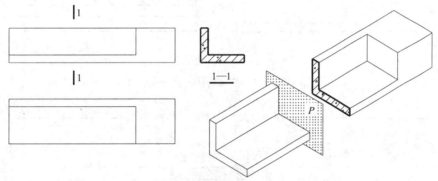

图 5-14　钢筋混凝土楼梯的梯板断面图

5.2.2　断面图的分类

断面图主要用于表达形体或构件的断面形状，根据其安放位置不同，一般可分为移出断面图、重合断面图和中断断面图三种形式。

（1）移出断面图

将断面图画在投影图之外的称为移出断面图。当一个物体有多个断面图时，应将各断面图按顺序依次整齐地排列在投影图的附近，图 5-15 所示为预制钢筋混凝土柱的移出断面图。根据需要，断面图可用较大的比例画出，图 5-15 就是放大一倍画出的。

（2）重合断面图

断面图旋转 90° 后重合画在基本投影图上，称为重合断面图。其旋转方向可向上、向下、向左、向右。

图 5-16 所示为墙面装饰线脚的重合断面图。其中图 5-16（a）是将被剖切的断

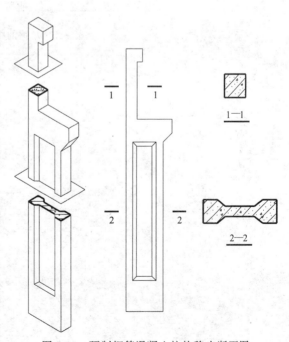

图 5-15　预制钢筋混凝土柱的移出断面图

面向下旋转 90°而成；图 5-16（b）是将被剖切的断面向左旋转 90°而成。画重合断面图时，其比例应与基本投影图相同，且可省去剖切位置线和编号。另外，为了使断面轮廓线区别于投影轮廓线，断面轮廓线应以粗实线绘制，而投影轮廓线则以中粗实线绘制。

（3）中断断面图

断面图画在构件投影图的中断处，就称为中断断面图。它主要用于一些较长且均匀变化的单一构件。图 5-17 所示为角钢的中断断面图，其画法是在构件投影图的某一处用折断线断开，然后将断面图画在当中。

画中断断面图时，原投影长度可缩短，但尺寸应完整地标注。画图的比例、线型与重合断面图相同，也无需标注剖切位置线和编号。

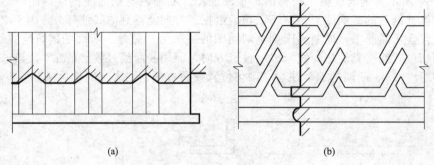

(a)   (b)

图 5-16　墙面装饰线脚的重合断面图

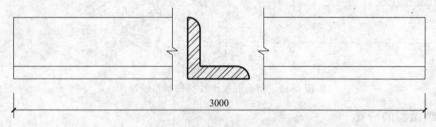

3000

图 5-17　角钢的中断断面图

第6章 建筑施工图

6.1 概述

6.1.1 房屋的组成及房屋施工图的分类

（1）房屋的组成

虽然各种房屋的使用要求、空间组合、外形处理、结构形式和规模大小等各有不同，但基本上是由基础、墙、柱、楼面、屋面、门窗、楼梯以及台阶、散水、阳台、走廊、天沟、雨水管、勒脚、踢脚板等组成，如图 6-1 和图 6-2（是一幢三层的小别墅住宅）所示。

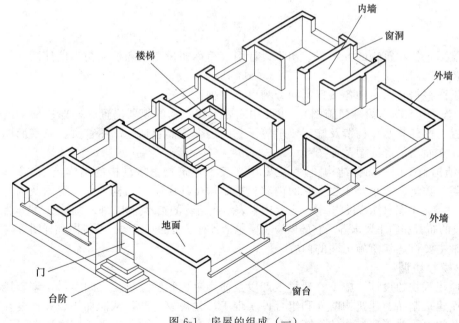

图 6-1 房屋的组成（一）

基础起承受和传递荷载的作用；屋顶、外墙、雨篷等起隔热、保温、避风遮雨的作用；屋面、天沟、雨水管、散水等起排水的作用；台阶、门、走廊、楼梯起沟通房屋内外、上下交通的作用；窗则主要用于采光和通风；墙群、勒脚、踢脚板等起保护墙身的作用。

（2）房屋施工图的分类

在工程建设中，首先要进行规划、设计，并绘制成图，然后照图施工。

遵照建筑制图标准和建筑专业的习惯画法绘制建筑物的多面正投影图，并注写尺寸和文字说明的图样，称为建筑图。

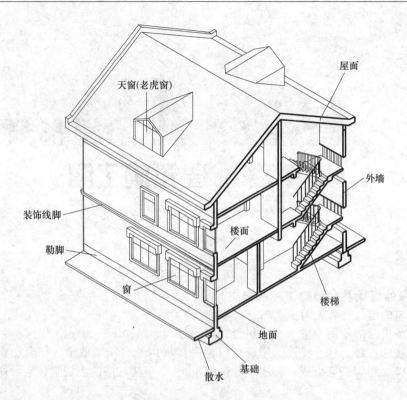

图 6-2　房屋的组成（二）

建筑图包括建筑物的方案图、初步设计图（简称初设图）和扩大初步设计图（简称扩初图）以及施工图。

施工图根据其内容和各工程不同分为以下几种。

① 建筑施工图（简称建施图）　主要用来表示建筑物的规划位置、外部造型、内部各房间的布置、内外装修、构造及施工要求等。它的内容主要包括施工图首页、总平面图、各层平面图、立面图、剖面图及详图。

② 结构施工图（简称结构图）　主要用来表示建筑物承重结构的结构类型、结构布置、构件种类、数量、大小及作法。它的内容包括结构设计说明、结构平面布置图及构件详图。

③ 设备施工图（简称设施图）　主要用来表示建筑物的给水排水、暖气通风、供电照明、燃气等设备的布置和施工要求等。它的内容主要包括各种设备的布置图、系统图和详图等内容。

本章主要讲述建筑施工图的内容。

6.1.2　模数协调

为使建筑物的设计、施工、建材生产以及使用单位和管理机构之间容易协调，用标准化的方法使建筑制品、建筑构配件和组合件实现工厂化规模生产，从而加快设计速度，提高施工质量及效率，改善建筑物的经济效益，进一步提高建筑工业化水平，国家颁布了《建筑模数协调统一标准》（GBJ 2—86）和《住宅建筑模数协调标准（GB/T 50100—2001）》。

模数协调使符合模数的构配件、组合件能用于不同地区、不同类型的建筑物中，促使不同材料、形式和不同制造方法的建筑构配件、组合件有较大的通用性和互换性。在建筑设计中能简化设计图的绘制，在施工中能使建筑物及其构配件和组合件的放线、定位和组合等更有规律、更趋统一和协调，从而便利施工。

模数是选定的尺寸单位，作为尺度协调的增值单位。模数协调选用的基本尺寸单位，称为基本模数。基本模数的数值为 $100mm$，其符号为 M，即 $M=100mm$，整个建筑物和建筑物的一部分以及建筑组合件的模数化尺寸，应是基本模数的倍数。模数协调标准选定的扩大模数和分模数称为导出模数，导出模数是基本模数的整倍数和分数。

水平扩大模数基数为 3M、6M、12M、15M、30M、60M，其相应的尺寸分别为 300mm、600mm、1200mm、1500mm、3000mm、6000mm；竖向扩大模数的基数为 3M 与 6M，其相应的尺寸为 300mm 和 600mm。

分模数基数为 1/10M、1/5M、1/2M，其相应的尺寸为 10mm、20mm、50mm。

水平基本模数主要用于门窗洞口和构配件断面等处，1M 数列按 100mm 进级，幅度由 1M 至 20M。其相应尺寸为 100mm、200mm、300mm、……、2000mm。

竖向基本模数主要用于建筑物的层高、门窗洞口和构配件断面等处。其幅度由 1M 至 36M。

水平扩大模数主要用于建筑物的开间（柱距）、进深（跨度）、构配件尺寸和门窗洞口等处。其 3M 数列按 300mm 进级，幅度由 3M 至 75M，相应尺寸为 300mm、600mm、900mm、……、7500mm。

竖向扩大模数的 3M 数列主要用于建筑物的高度、层高和门窗洞口等处。6M 数列主要用于建筑物的高度与层高。它们的数列幅度皆不受限制。

分模数主要用于缝隙、构造节点、构配件断面等处。其 1/10M 数列按 10mm 进级，幅度由 1/10M 至 2M；1/5M 数列按 20mm 进级，幅度由 1/5M 至 4M；1/2M 数列按 50mm 进级，幅度由 1/2M 至 10M。

6.1.3　砖墙及砖的规格

目前在我国房屋建筑中的墙身，如为框架结构，墙体多以加气混凝土砌块和水泥空心砖及页岩空心砖砌筑。其墙体厚度一般为 100mm、150mm、200mm、250mm、300mm。如为墙体承重结构，墙体多以砖墙为主。另外有石墙、混凝土墙、砌块墙等。砖墙的尺寸与砖的规格有密切联系。建筑中墙身采用的砖，无论是黏土砖、页岩砖、灰砂砖，当其尺寸为 240mm×115mm×53mm 时，这种砖称为标准砖。采用标准砖砌筑的墙体厚度的标志尺寸为 120mm（半砖墙，实际厚度 115mm）、240mm（一砖墙，实际厚度 240mm）、370mm（一砖半墙，实际厚度 365mm）、490mm（二砖墙，实际厚度 490mm）等，如图 6-3 所示。砖的强度等级是根据 10 块砖抗压强度平均值和标准值划分的，共有六个级别，即 MU30、MU25、MU20、MU15、MU10、MU7.5。

砌筑砖墙的黏结材料为砂浆，根据砂浆的材料不同有石灰砂浆（石灰、砂）、混合砂浆（石灰、水泥、砂）、水泥砂浆（水泥、砂）。砂浆的抗压强度等级有 M1.0、M2.5、M5.0、M7.5、M10 五个等级。

在混合结构及钢筋混凝土结构的建筑物中，还常涉及混凝土的抗压强度等级，混凝土的抗压强度等级分为十二级，即 C7.5、C10、C15、C20、C25、C30、C35、C40、C45、C50、C55、C60。

6.1.4　标准图与标准图集

为了加快设计与施工的速度，提高设计与施工的质量，把各种常用、大量的房屋建筑及建筑构配件，按国家标准规定的统一模数，根据不同的规格标准，设计编出成套的施工图，以供选用。这种图样，称为标准图或通用图。将其装订成册即为标准图集。标准图集的使用范围限制在图集批准单位所在的地区。

标准图有两种：一种是整幢房屋的标准设计（定型设计）；另一种是目前大量使用的建筑构配件标准图集。建筑标准图集的代号常用汉字"建"或字母"J"表示。例如，北京市"铝合金门窗图集"代号为"京97SJ-01"；西南地区（云、贵、川、渝、藏）"屋面构造图集"代号为"西南03J201-1 屋面"。结构标准图集的代号常用汉字"结"或字母"G"表示。例如，国家颁布的"现浇钢筋混凝土楼梯图集"代号为"06G308"；重庆市"过梁、小梁、雨篷图集"代号为"渝结8207"等。

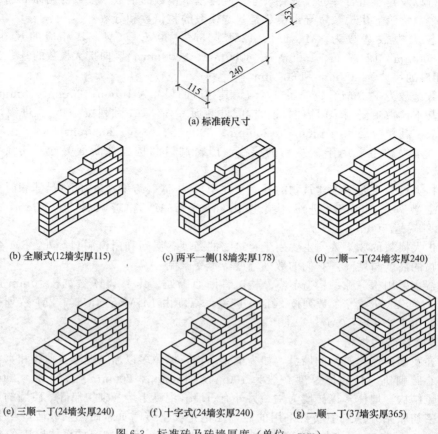

(a) 标准砖尺寸

(b) 全顺式(12墙实厚115)　　(c) 两平一侧(18墙实厚178)　　(d) 一顺一丁(24墙实厚240)

(e) 三顺一丁(24墙实厚240)　　(f) 十字式(24墙实厚240)　　(g) 一顺一丁(37墙实厚365)

图 6-3　标准砖及砖墙厚度（单位：mm）

6.2　总平面图

6.2.1　总平面图的用途

在画有等高线或坐标方格网的地形图上，再加画上新设计的乃至将来拟建的房屋、道路、绿化（必要时还可画出各种设备管线布置以及地表水排放情况）并标明建筑基地方位及风向的图样，便是总平面图（图 6-4）。

总平面图是用来表示整个建筑基地的总体布局，包括新建房屋的位置、朝向以及周围环境（如原有建筑物、交通道路、绿化、地形、风向等）的情况。总平面图是新建房屋定位、放线以及布置施工现场的依据。

6.2.2　总平面图的比例

由于总平面图包括地区较大，中华人民共和国国家标准《总图制图标准》GB/T 50103—2010（以下简称"《总图制图标准》"）规定：总平面图的比例应用 1：500、1：1000、1：2000 来绘制。在实际工程中，由于国土局以及有关单位提供的地形图常为 1：500 的比例，故总平面图常用 1：500 的比例绘制。

6.2.3　总平面图的图例

由于总平面图的比例较小，故总平面图上的房屋、道路、桥梁、绿化等都用图例表示。表 6-1 列出的为"《总图制图标准》"（以图形规定出的画法称为图例）。在较复杂的总平面图中，如采用了一些"《总图制图标准》"没有的图例，应在图纸的适当位置加以说明。总平面图常画在有等高线和坐标网格的地形图上，地形图上的坐标称为测量坐标，是用与地形图相

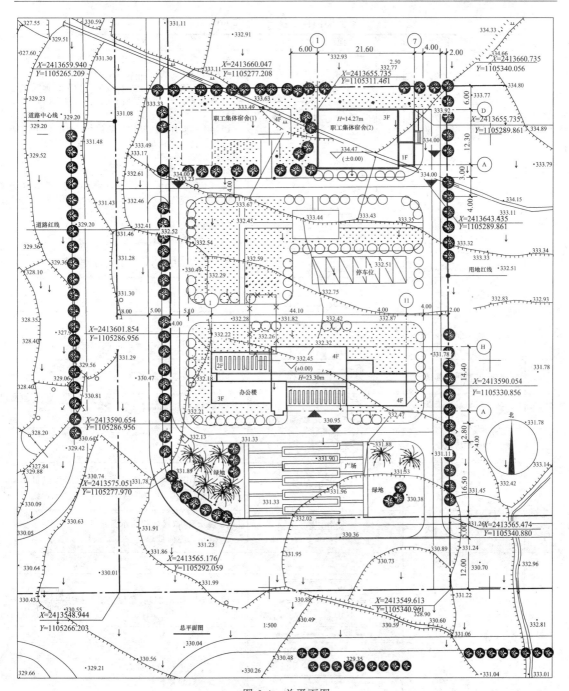

图 6-4　总平面图

同比例画出的 50m×50m 或 100m×100m 的方格网，此方格网的竖轴用 X、横轴用 Y 表示。一般房屋的定位应注其三个角的坐标，如建筑物、构筑物的外墙与坐标轴线平行，可标注其对角坐标。

　　新建房屋的朝向（对整个房屋而言，主要出入口所在墙面所面对的方向；对一般房间而言，则指主要开窗面所面对的方向称为朝向）与风向，可在图纸的适当位置绘制指北针或风向频率玫瑰图（简称"风玫瑰"）来表示，指北针应按中华人民共和国国家标准《房屋建筑制图统一标准》GB/T 50001—2010（以下也简称"《房屋建筑制图统一标准》"）规定绘制，如

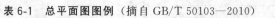

表 6-1　总平面图图例（摘自 GB/T 50103—2010）

序号	名　称	图　例	说　明
1	新建的建筑物	①12F/2D H=59.00m	新建建筑物以粗实线表示与室外地坪相接处±0.00外墙定位轮廓线 建筑物一般以±0.00高度处的外墙定位轴线交叉点坐标点定位,轴线用细实线表示,并标明轴线编号 根据不同设计阶段标注建筑编号,地上、地下层数,建筑高度,建筑出入口位置(两种表示方法均可,但同一图纸采用一种表示方法) 地下建筑物以粗虚线表示其轮廓 建筑上部(±0.00以上)外挑建筑以细实线表示 建筑物上部连廊用细虚线表示并标注位置
2	原有的建筑物		用细实线表示
3	计划扩建的预留地或建筑物(拟建的建筑物)		用中粗虚线表示
4	拆除的建筑物		用细实线表示
5	建筑物下面的通道		
6	散状材料露天堆场		需要时可注明材料名称
7	其他材料露天堆场或露天作业场		需要时可注明材料名称
8	铺砌场地		
9	烟囱		实线为烟囱下部直径,虚线为基础,必要时可注写烟囱高度和上、下口直径
10	台阶及无障碍坡道	1. 2.	1. 表示台阶(级数仅为示意) 2. 表示无障碍坡道
11	围墙及大门		
12	挡土墙	5.00 1.50	挡土墙根据不同设计阶段的需要标注 墙顶标高／墙底标高
13	挡土墙上设围墙		
14	坐标	1. X=105.00 Y=425.00 2. A=105.00 B=425.00	1. 表示地形测量坐标系 2. 表示自设坐标系 坐标数字平行于建筑标注
15	填挖边坡		
16	雨水口	1. 2. 3.	1. 雨水口 2. 原有雨水口 3. 双落式雨水口
17	消火栓井		

续表

序号	名　称	图　例	说　明
18	室内标高	151.00 ▽（±0.00）	数字平行于建筑物书写
19	室外标高	143.00 ▼	室外标高也可采用等高线表示
20	地下车库入口		机动车停车场

图 6-5 所示，指针方向为北向，圆用细实线，直径为 24mm，指针尾部宽度为 3mm，指针针尖处应注写"北"或"N"字。如需用较大直径绘制指北针时，指针尾部宽度宜为直径的 1/8。

风向频率玫瑰图在 8 个或 16 个方位线上用端点与中心的距离，代表当地这一风向在一年中发生的频率，粗实线表示全年风向，细虚线范围表示夏季风向，风向由各方位吹向中心，风向线最长者为主导风向，如图 6-6 所示。

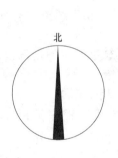

图 6-5　指北针

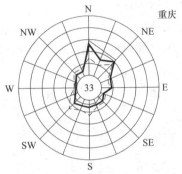

图 6-6　风向频率玫瑰图

6.2.4　总平面图的尺寸标注

总平面图上的尺寸应标注新建房屋的总长、总宽以及与周围房屋或道路的间距，尺寸以 m 为单位，标注到小数点后两位。新建房屋的层数在房屋图形右上角上用点数或数字表示。一般低层、多层用点数表示层数，高层用数字表示，如果为群体建筑，也可统一用点数或数字表示。

新建房屋的室内地坪标高为绝对标高（以我国青岛市外黄海海平面为 ±0.000 的标高），这也是相对标高（以某建筑物底层室内地坪为 ±0.000 的标高）的零点。标高符号及其标注方法如图 1-31 所示。室外整平标高采用全部涂黑的等腰三角形"▼"表示，大小形状同标高符号。总平面图上标高单位为 m，标到小数点后两位。

图 6-4 所示为某县质量技术监督局办公楼所建地的总平面图，从图中可以看出整个基地平面很规则，南边是规划的城市主干道，西边是规划的城市次干道，东边和北边是其他单位建筑用地。新建办公楼位于整个基地的中部，其建筑的定位已用测量坐标标出了三个角点的坐标，其朝向可根据指北针判断为坐北朝南，新建办公楼的南边是入口广场，北边是停车场及职工集体宿舍，东边和西边都布置有较好的绿地，使整个环境开敞、空透，形成较好的绿化景观。用粗实线画出的新建办公楼共 4 层，总高 23.30m，轴线总长 44.10m，总宽 14.40m，距东边环形通道 4.00m，距南边环形通道 2.80m。新建办公楼的室内整平标高为 332.45m，室外整平标高为 330.95m。从图 6-4 中还可以看到紧靠新

建办公楼的北偏西方向有一需拆除的建筑。基地北边用细实线画出的职工集体宿舍（1）是已建成的建筑，在已建成的职工集体宿舍（1）的东边还有一新建职工集体宿舍（2），该新建的职工集体宿舍（2）共3层，总高14.27m，总长21.60m，总宽12.30m，距西边已建成的职工集体宿舍（1）6.00m，距南边小区道路3.00m。新建的职工集体宿舍（2）的室内整平标高为334.47m，室外整平标高为334.00m。而在已建成的职工集体宿舍（1）的西边准备再拼建一栋职工集体宿舍，在此用虚线来表示。

6.3 建筑平面图

6.3.1 建筑平面图的用途

建筑平面图是用于表达房屋建筑的平面形状，房间布置，内外交通联系，以及墙、柱、门窗等构配件的位置、尺寸、材料和作法等内容的图样。建筑平面图简称平面图。

平面图是建筑施工图的主要图样之一，是施工过程中，房屋的定位放线、砌墙、设备安装、装修及编制概预算、备料等的重要依据。

6.3.2 建筑平面图的形成

平面图的形成通常是假想用一水平剖切面经过门窗洞口将房屋剖开，移去剖切平面以上的部分，将余下部分用直接正投影法投影到 H 面上而得到的正投影图。平面图实际上是剖切位置位于门窗洞口处的水平剖面图（图6-7、图6-8）。

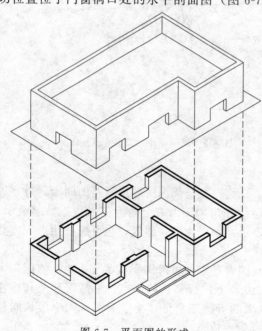

图6-7 平面图的形成

6.3.3 建筑平面图的比例及图名

（1）比例

平面图用1：50、1：100、1：200的比例绘制，实际工程中常用1：100的比例绘制。

（2）图名

一般情况下，房屋有几层就应画几个平面图，并在图的下方标注相应的图名，如"底层平面图"、"二层平面图"等。图名下方应加一粗实线，图名右方标注比例。当房屋中间若干层的平面布局构造情况完全一致时，则可用一个平面图来表达此相同布局的若干层，称为标准层平面图。

6.3.4 建筑平面图的图示内容

底层平面图应画出房屋本层相应的水平投影，以及与本栋房屋有关的台阶、花池、散水等的投影（图6-8）；二层平面图除画出房屋二层范围的投影内容之外，还应画出底层平面图无法表达的雨篷、阳台、窗楣等内容，而对于底层平面图上已表达清楚的台阶、花池、散水等内容就不再画出；三层以上的平面图则只需画出本层的投影内容及下一层的窗楣、雨篷等这些下一层无法表达的内容。

建筑平面图由于比例小，各层平面图中的卫生间、楼梯间、门窗等投影难以详尽表示，常采用中华人民共和国国家标准《建筑制图标准》GB/T 50104—2010（以下简称"《建筑制图标准》"）规定的图例来表达，而相应的详尽情况则另用较大比例的详图来表达，具体图例见表6-2。

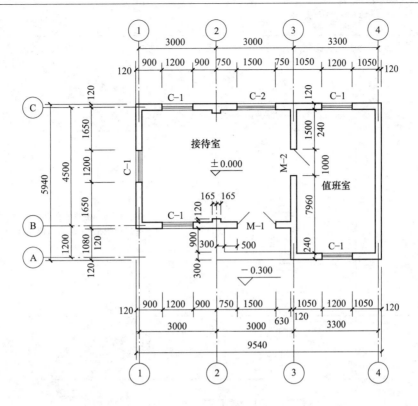

平面图 1:100

图 6-8　平面图

表 6-2　**建筑构造及配件图例**（摘自 GB/T 50104—2010）

序号	名称	图　例	说　明
1	墙体		①上图为外墙,下图为内墙 ②外墙细线表示有保温层或有幕墙 ③应加注文字或涂色或图案填充表示材料的墙体 ④在各层平面图中防火墙应着重以特殊图案填充表示
2	隔断		①加注文字或涂色或图案填充表示材料的轻质隔断 ②适用于到顶与不到顶的隔断
3	玻璃幕墙		幕墙龙骨是否表示由项目设计决定
4	栏杆		
5	楼梯		①上图为顶层楼梯平面,中图为中间层楼梯平面,下图为底层楼梯平面 ②需设置靠墙扶手或中间扶手时,应在图中表示

续表

序号	名称	图例	说明
6	坡道	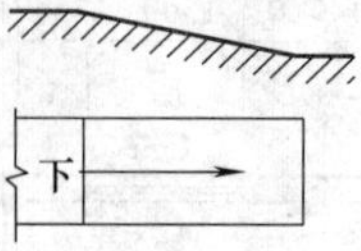	长坡道
		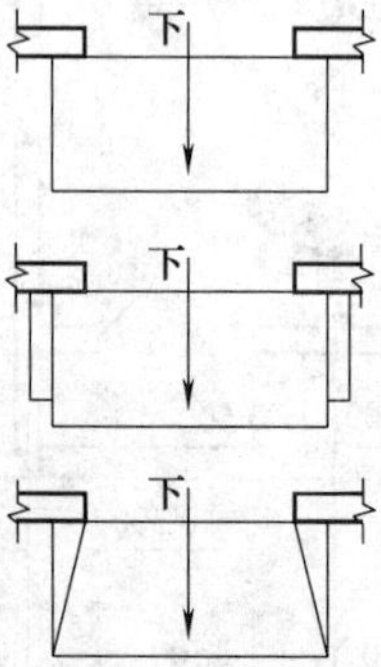	上图为两侧垂直的门口坡道,中图为有挡墙的门口坡道,下图为两侧找坡的门口坡道
7	台阶	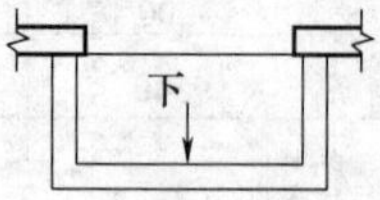	
8	平面高差	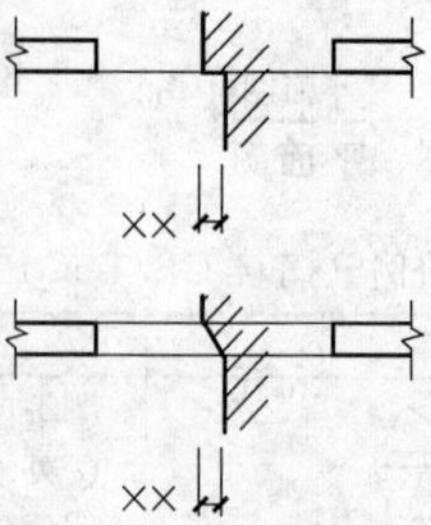 ×× ××	用于高差小的地面或楼面交接处,并应于门的开启方向协调
9	检查孔		左图为可见检查孔,右图为不可见检查孔
10	孔洞		阴影部分也可填充灰度或涂色代替
11	坑槽		
12	墙预留洞	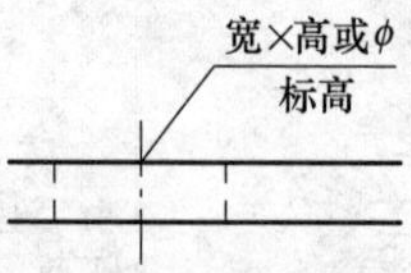 宽×高或φ 标高	①上图为预留洞,下图为预留槽 ②平面以洞(槽)中心定位 ③宜以涂色区别墙体和留洞(槽)
13	墙预留槽	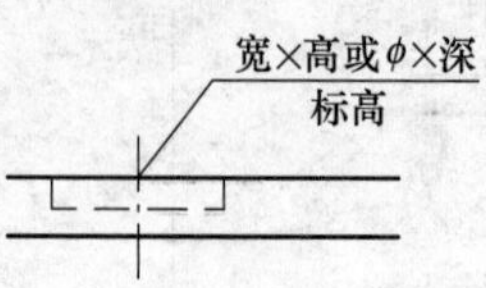 宽×高或φ×深 标高	

序号	名称	图　例	说　明
14	烟道	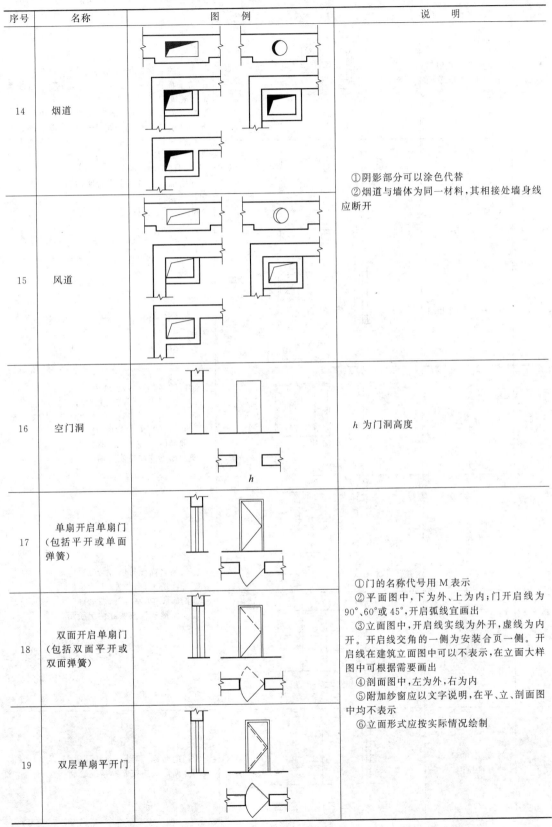	①阴影部分可以涂色代替 ②烟道与墙体为同一材料,其相接处墙身线应断开
15	风道		
16	空门洞		h 为门洞高度
17	单扇开启单扇门 (包括平开或单面弹簧)		①门的名称代号用 M 表示 ②平面图中,下为外、上为内;门开启线为90°、60°或45°,开启弧线宜画出 ③立面图中,开启线实线为外开,虚线为内开。开启线交角的一侧为安装合页一侧。开启线在建筑立面图中可以不表示,在立面大样图中可根据需要画出 ④剖面图中,左为外,右为内 ⑤附加纱窗应以文字说明,在平、立、剖面图中均不表示 ⑥立面形式应按实际情况绘制
18	双面开启单扇门 (包括双面平开或双面弹簧)		
19	双层单扇平开门		

序号	名称	图　　例	说　　明
20	单面开启双扇门（包括平开或单面弹簧）	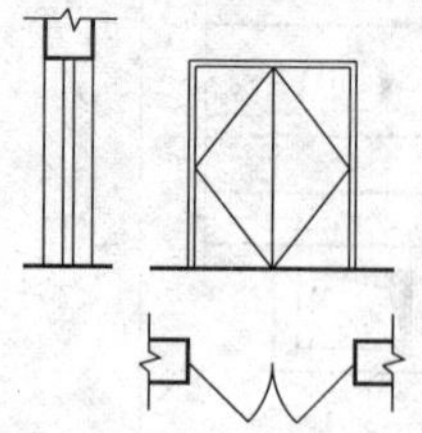	①门的名称代号用 M 表示 ②平面图中，下为外、上为内；门开启线为90°、60°或45°，开启弧线宜画出 ③立面图中，开启线实线为外开，虚线为内开。开启线交角的一侧为安装合页一侧。开启线在建筑立面图中可以不表示，在立面大样图中可根据需要画出 ④剖面图中，左为外、右为内 ⑤附加纱窗应以文字说明，在平、立、剖面图中均不表示 ⑥立面形式应按实际情况绘制
21	双面开启双扇门（包括双面平开或双面弹簧）	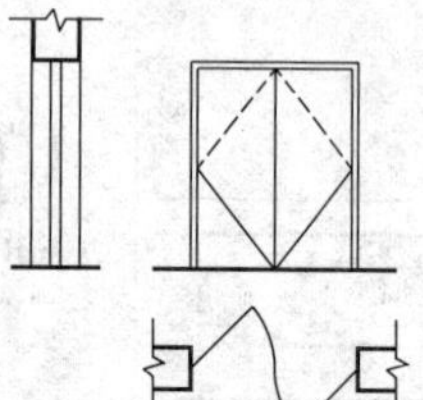	
22	双层双扇平开门	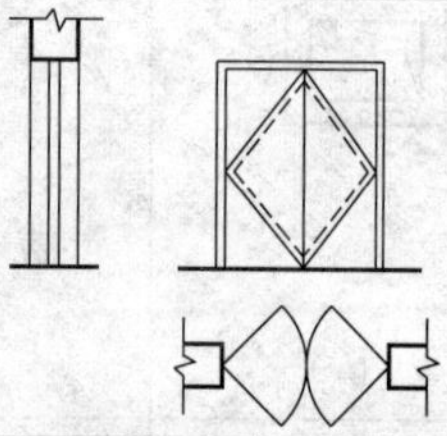	
23	折叠门	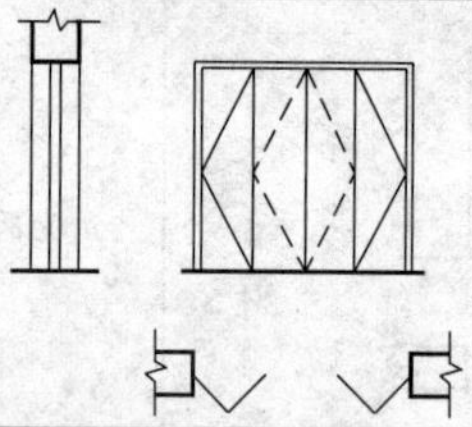	①门的名称代号用 M 表示 ②平面图中，下为外、上为内 ③立面图中，开启线实线为外开，虚线为内开。开启线交角的一侧为安装合页一侧。 ④剖面图中，左为外、右为内 ⑤立面形式应按实际情况绘制
24	墙洞外单扇推拉门	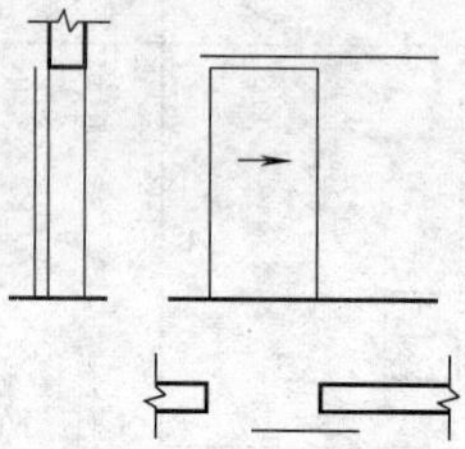	①门的名称代号用 M 表示 ②平面图中，下为外、上为内 ③剖面图中，左为外、右为内 ④立面形式应按实际情况绘制
25	墙洞外双扇推拉门	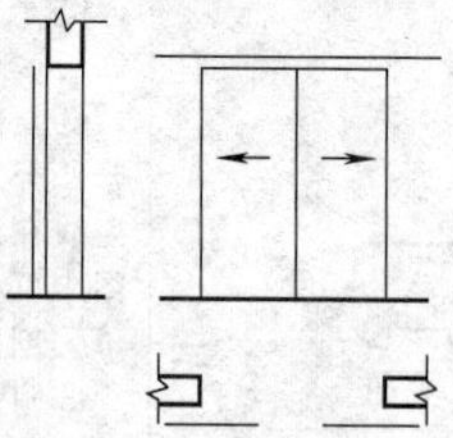	
26	墙中单扇推拉门	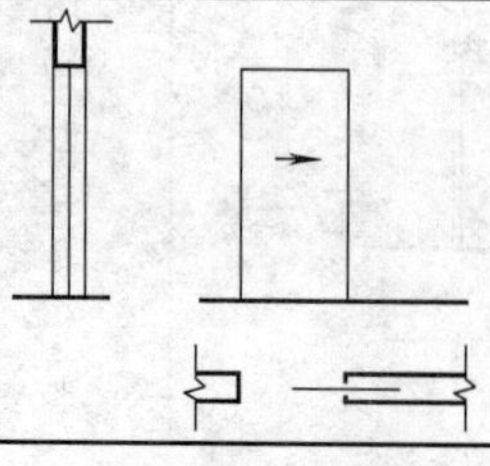	①门的名称代号用 M 表示 ②立面形式应按实际情况绘制

序号	名称	图例	说明
27	墙中双扇推拉门	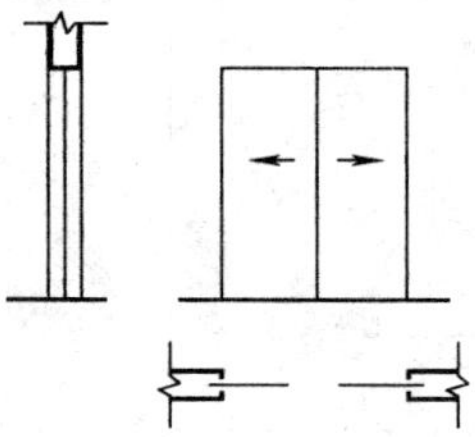	①门的名称代号用 M 表示 ②立面形式应按实际情况绘制
28	推杠门	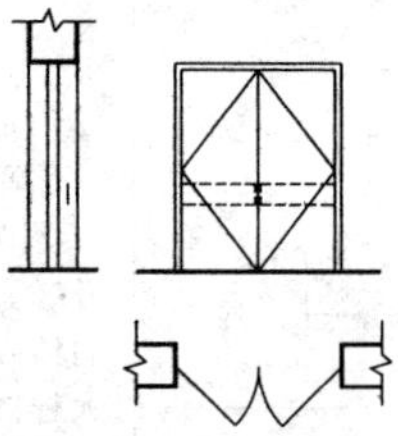	①门的名称代号用 M 表示 ②平面图中,下为外、上为内;门开启线为90°、60°或45°,开启弧线宜画出 ③立面图中,开启线实线为外开,虚线为内开。开启线交角的一侧为安装合页一侧。开启线在建筑立面图中可以不表示,在立面大样图中可根据需要画出 ④剖面图中,左为外、右为内 ⑤立面形式应按实际情况绘制
29	门连窗		
30	自动门		
31	竖向卷帘门		①门的名称代号用 M 表示 ②立面形式应按实际情况绘制
32	自动门		

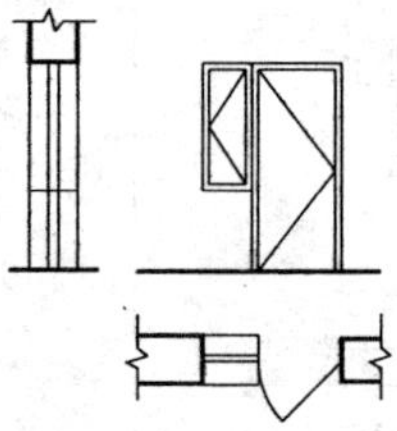

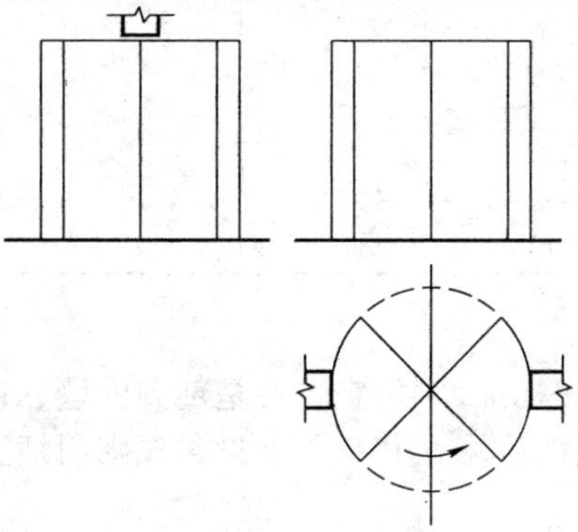

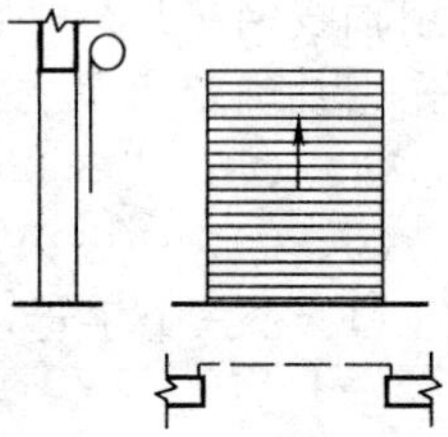

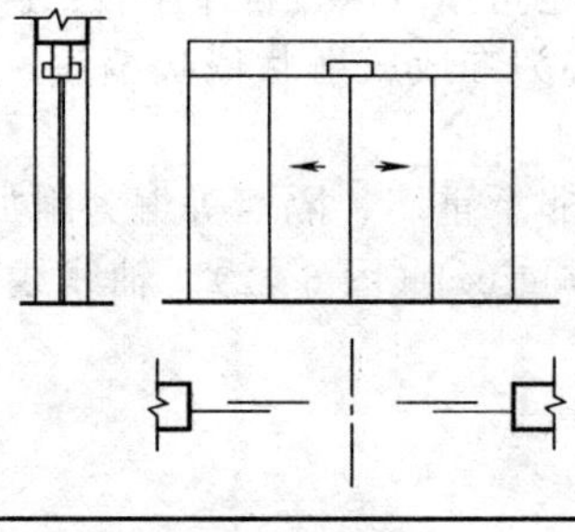

序号	名称	图 例	说 明
33	固定窗		
34	上悬窗		①窗的名称代号用 C 表示 ②平面图中，下为外、上为内 ③立面图中，开启线实线为外开，虚线为内开。开启线交角的一侧为安装合叶一侧。开启线在建筑立面图中可不表示，在门窗立面大样图中需画出 ④剖面图中，左为外、右为内。虚线仅表示开启方向，项目设计不表示 ⑤附加纱窗应以文字说明，在平、立、剖面图中均不表示 ⑥立面形式应按实际情况绘制
35	中悬窗		
36	下悬窗		

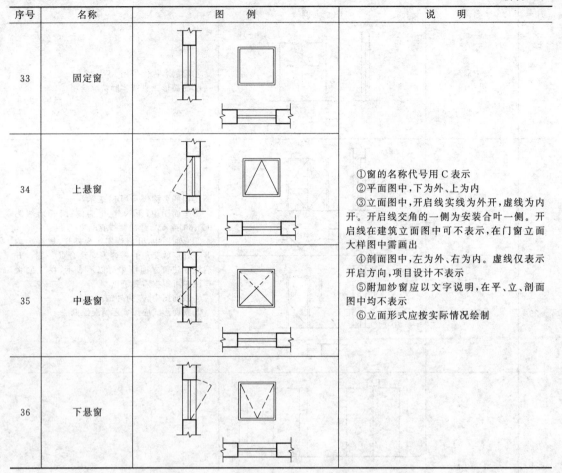

6.3.5　建筑平面图的线型

建筑平面图的线型按"《建筑制图标准》"规定，凡是剖到的墙、柱的断面轮廓线，宜用粗实线，门扇的开启示意线用中粗实线表示，其余可见投影线则用细实线表示（图 6-8）。

6.3.6　建筑平面图的轴线编号

为了建筑工业化，在建筑平面图中，采用轴线网格划分平面，使房屋的平面布置以及构件和配件趋于统一，这些轴线称为定位轴线，它是确定房屋主要承重构件（墙、柱、梁）位置及标注尺寸的基线。《房屋建筑制图统一标准》（GB/T 50001—2010）规定：水平方向的轴线自左至右用阿拉伯数字依次连续编为①、②、③、……；竖直方向自下而上用大写拉丁字母连续编写Ⓐ、Ⓑ、Ⓒ、……，并除去 I、O、Z 三个字母，以免与阿拉伯数字中 1、0、2 三个数字混淆（图 6-9）。

如果平面为折线形，定位轴线的编号也可用分区，自左至右依次编注（图 6-9、图 6-10）。

如为圆形平面，定位轴线则应以圆心为准成放射状依次编注，并以距圆心距离决定其另一方向轴线位置及编号（图 6-11）。

一般承重墙柱及外墙编为主轴线，非承重墙、隔墙等编为附加轴线（又称分轴线）。第一号主轴线①或Ⓐ前的附加轴线编号为⑩₁或⑩ₐ（图 6-12）。轴线线圈用细实线画出，直径为 8～10mm。

6.3.7　建筑平面图的尺寸标注

（1）外部尺寸

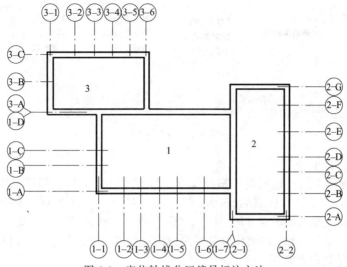

图 6-9　定位轴线分区编号标注方法

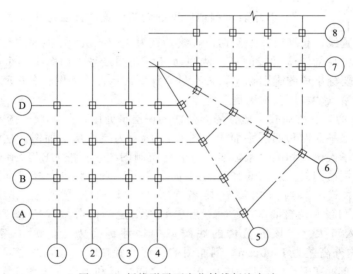

图 6-10　折线形平面定位轴线标注方法

　　在水平方向和竖直方向各标注三道尺寸：最外一道尺寸标注房屋水平方向的总长、总宽称为总尺寸；中间一道尺寸标注房屋的开间、进深，称为轴线尺寸（一般情况下两横墙之间的距离称为开间；两纵墙之间的距离称为进深）；最里边一道尺寸标注房屋外墙的墙段及门窗洞口尺寸，称为细部尺寸。

　　如果平面图图形对称，宜在图形的左边、下边标注尺寸，如果图形不对称，则需在图形的各个方向标注尺寸，或在局部不对称的部分标注尺寸。

　　（2）内部尺寸

　　应标注各房间长、宽方向的净空尺寸，墙厚及轴线的关系、柱子截面、房屋内部门窗洞口、门垛等细部尺寸。

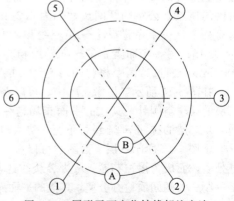

图 6-11　圆形平面定位轴线标注方法

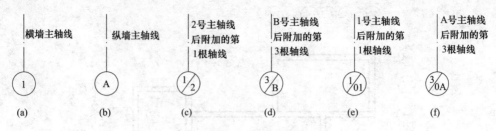

图 6-12　轴线编号

（3）标高、门窗编号

平面图中应标注不同楼地面高度房间及室外地坪等标高。为编制概预算的统计及施工备料，平面图上所有的门窗都应进行编号。门常用"M_1"、"M_2"或"M-1"、"M-2"以及"M1022"、"M1512"等表示，窗常用"C_1"、"C_2"或"C-1"、"C-2"以及"C1515"、"C2415"等表示，也可用标准图集上的门窗代号来标注门窗，如"X-0924"、"B·1515"等。

（4）剖切位置及详图索引

为了表示房屋竖向的内部情况，需要绘制建筑剖面图，其剖切位置应在底层平面图中标出，其符号为"┗ ┛"，其中表示剖切位置的剖切位置线长度为 6～10mm，剖视方向线应垂直于剖切位置线，长度应短于剖切位置线，宜为 4～6mm。如剖面图与被剖切图样不在同一张图纸内，可在剖切位置线的另一侧注明其所在图纸号。如图中某个部位需要画出详图，则在该部位要标出详图索引标志，表示另有详图表示。平面图中各房间的用途，宜用文字标出，如"卧室"、"客厅"、"厨房"等。

图 6-13 所示为某县质量技术监督局办公楼的一层平面图。图 6-14～图 6-16 分别为该办公楼的二层、三层平面图和四层平面图，图 6-17 所示为屋顶层平面图。这些图在正式的施工图中都是按中华人民共和国国家标准（房屋建筑制图统一标准 GB/T 50001—2010）的规定用 1∶100 比例绘制的。从图 6-13 一层平面图中可以看出该办公楼平面形状为矩形，其平面布置为内廊式，即通过内廊连接各个房间。该办公楼总长 45100mm，总宽为 13700mm。其入口设在建筑的南端ⓒ轴线和ⓓ轴线墙之间的分轴线墙上。通过入口处外上 10 级台阶进入入口大厅。该办公楼的底层室内地坪标高为 ±0.000，室外地坪标高为 −1.500，即室内外高差为 1500mm。剖面图的剖切位置在④～⑤轴线之间和Ⓔ～Ⓕ轴线之间。卫生间集中布置在④～⑤轴线和Ⓔ～Ⓗ轴线之间，以利于集中布置管线。左边的①～④轴线范围内的质检办公室的开间尺寸均为 4500mm，进深尺寸均为 4800mm。⑦轴线右边范围内的质检办公室的开间尺寸仍为 4500mm，但进深尺寸均为 5400mm。垂直交通设施楼梯间有两个：一个布置在④～⑤轴线和Ⓐ～Ⓓ轴线之间，开间尺寸为 3600mm，进深尺寸为 6600mm；另一个布置在⑦～⑨轴线和Ⓔ～Ⓕ轴线之间，开间尺寸为 3000mm，进深尺寸为 6000mm。通过这两个楼梯间可上至二层和以上各楼层。

在图 6-14 所示二层平面图中，可以看到以下内容：除了入口大厅上方为一内廊和贯穿一、二层的共享空间外，其他的平面布局与一层完全相同。但楼梯间的表达方式与一层平面图不同，从二层的梯间下 24 级可下至一层入口大厅，也可上 24 级上至三层和三层以上的楼层。

从图 6-15 所示三层平面图中可以看到：①～④轴线和Ⓔ～Ⓗ轴线之间范围内已没有质检办公室，而成为屋顶花园。故办公楼在这个范围内只有二层。在⑤～⑦轴线和Ⓔ～Ⓗ轴线之间是一小一大两间质检办公室，其他的平面布局与二层完全相同。图 6-16 所示为该办公楼的四层平面图，图中①～④轴线范围内前面是屋顶花园，后面是二层屋顶花园的花架顶面；⑤～⑦轴线范围内是会议室；⑦～⑪轴线范围内是领导办公室和接待室；领导办公室内还设有卫生间。该层⑦～⑨轴线和Ⓔ～Ⓕ轴线之间的楼梯间，不再往上，故只有一个向下的指引线。

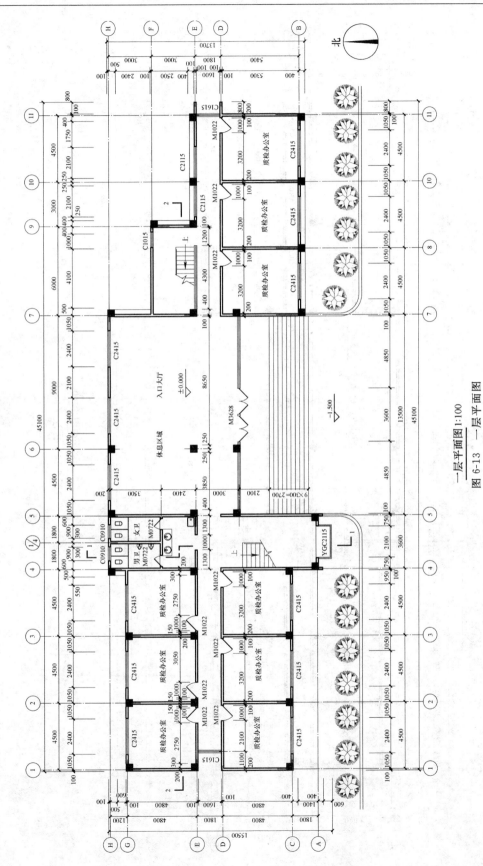

一层平面图 1:100

图 6-13 一层平面图

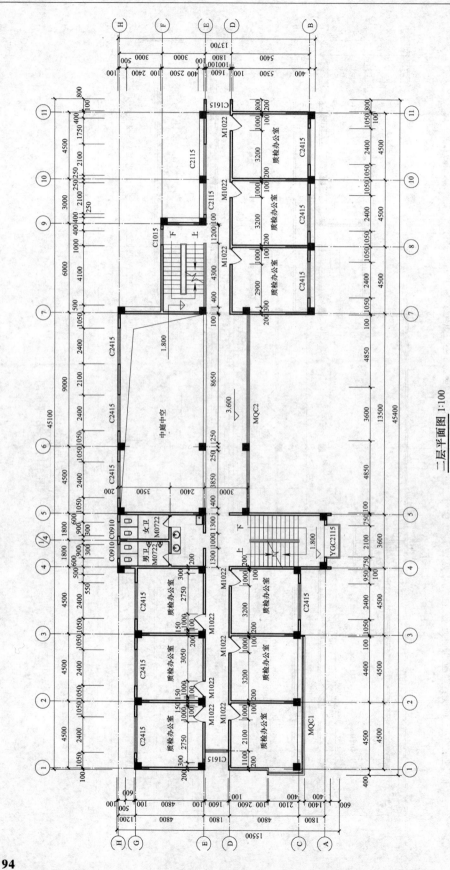

二层平面图 1:100

图 6-14 二层平面图

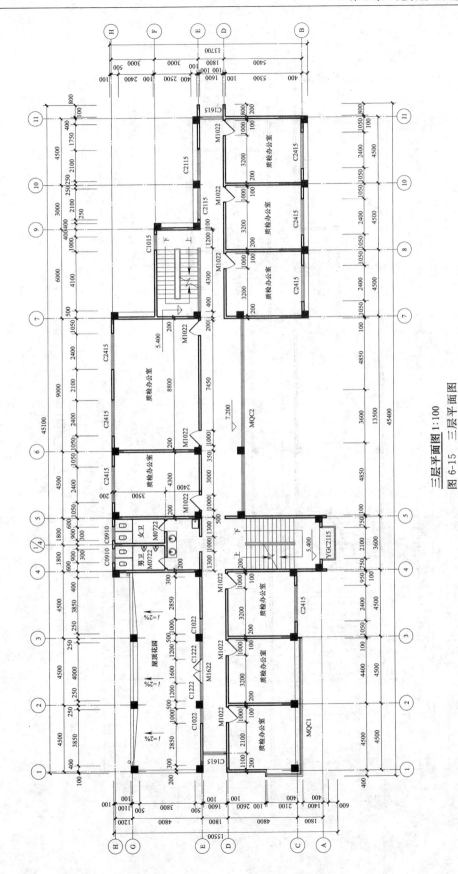

三层平面图 1:100

图 6-15 三层平面图

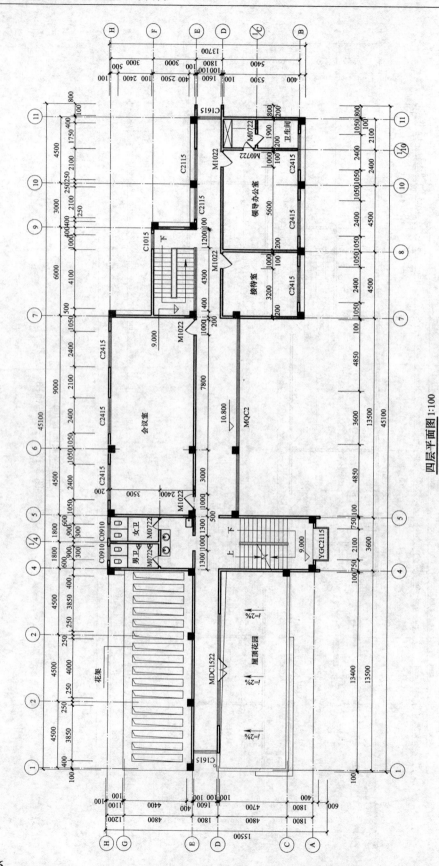

四层平面图 1:100

图 6-16 四层平面图

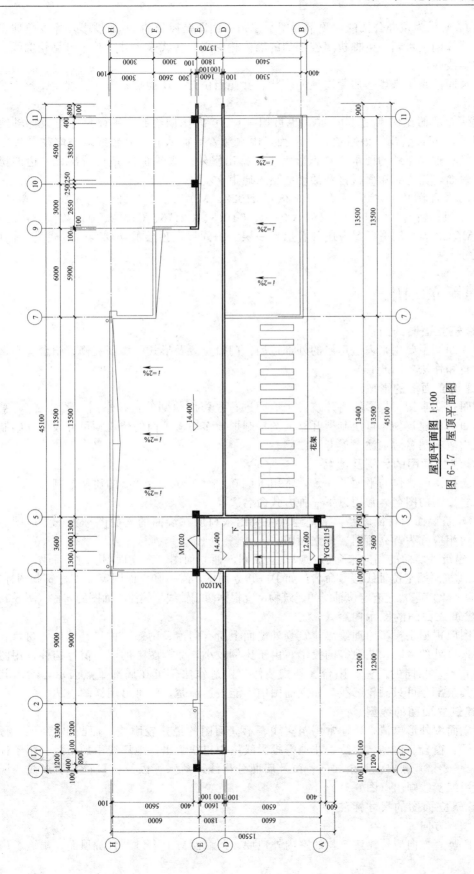

屋顶平面图 1:100

图 6-17 屋顶平面图

图 6-17 所示为该办公楼的屋顶平面图。屋顶平面图是屋顶的 H 面投影，除少数伸出屋面较高的楼梯间、水箱、电梯机房被剖到的墙体轮廓用粗实线表示外，其余可见轮廓线的投影均用细实线表示。

屋顶平面图是用来表达房屋屋顶的形状、女儿墙位置、屋面排水方式、坡度、落水管位置等的图形。

屋顶平面图的比例常用 1：100，也可用 1：200 的比例绘制。平面尺寸可只标轴线尺寸。从图 6-17 可以看出，该屋顶为平屋面，雨水顺着屋面从Ⓑ、Ⓓ轴线墙一端往Ⓗ轴线墙一端排，经Ⓗ轴线墙外的雨水口排入落水管后排出室外。从图 6-17 还可看出，左边的楼梯间伸出了屋面，作为到屋面检修和活动的出入通道。

从各层平面图中可看到门有 M3628、M1022、M0722、M1622、MDC1552、M1020，且都为平开门；窗有 C2415、C1615、C0910、C1015、C2115、C1022、C1222、YGC2115、MQC1、MQC2 等。从平面图中还可看出，一层、中间层、顶层的楼梯表达方式是不同的，要注意区分。

6.4　建筑立面图

6.4.1　建筑立面图的用途

建筑立面图主要用来表达房屋的外部造型，门窗位置及形式，墙面装修、阳台、雨篷等部分的材料和作法（图 6-18）。

6.4.2　建筑立面图的形成

立面图是用直接正投影法将建筑各个墙面进行投影所得到的正投影图（图 6-19）。某些平面形状曲折的建筑物，可绘制展开立面图；圆形或多边形平面的建筑物可分段展开绘制立面图，但均应在图名后加注"展开"二字。

6.4.3　建筑立面图的比例及图名

建筑立面图的比例与平面图一致，常用 1：50、1：100、1：200 的比例绘制。

建筑立面图的图名，常用以下三种方式命名。

① 以建筑墙面的特征命名：常把建筑主要出入口所在墙面的立面图称为正立面图，其余几个立面相应称为背立面图、侧立面图。

② 以建筑各墙面的朝向来命名：如东立面图、西立面图、南立面图、北立面图。

③ 以建筑两端定位轴线编号命名：如①—⑪立面图，Ⓐ—Ⓗ立面图等，"《建筑制图标准》GB/T 50001—2010"规定有定位轴线的建筑物，宜根据两端轴线号编注立面图的名称（图 6-18）。

6.4.4　建筑立面图的图示内容

立面图应根据正投影原理绘出建筑物外墙面上所有门窗、雨篷、檐口、壁柱、窗台、窗楣、底层入口处的台阶、花池等的投影。由于比例较小，立面图上的门、窗等构件也用图例表示（表 6-2）。相同的门窗、阳台、外檐装修、构造作法等可在局部重点表示，绘出其完整图形，其余部分可只画轮廓线。如立面图中不能表达清楚，则可另用详图表达。

6.4.5　建筑立面图的线型

为使立面图外形更清晰，通常用粗实线表示立面图的最外轮廓线，而凸出墙面的雨篷、阳台、柱子、窗台、窗楣、台阶、花池等投影线用中粗线画出，地坪线用加粗线（粗于标准粗度的 1.5～2 倍）画出，其余如门、窗及墙面分格线、落水管以及材料符号引出线、说明引出线等用细实线画出（图 6-18）。

6.4.6　建筑立面图的尺寸标注

（1）竖直方向

立面图竖直方向应标注建筑物的室内外地坪、门窗洞口上下口、台阶顶面、雨篷、房檐

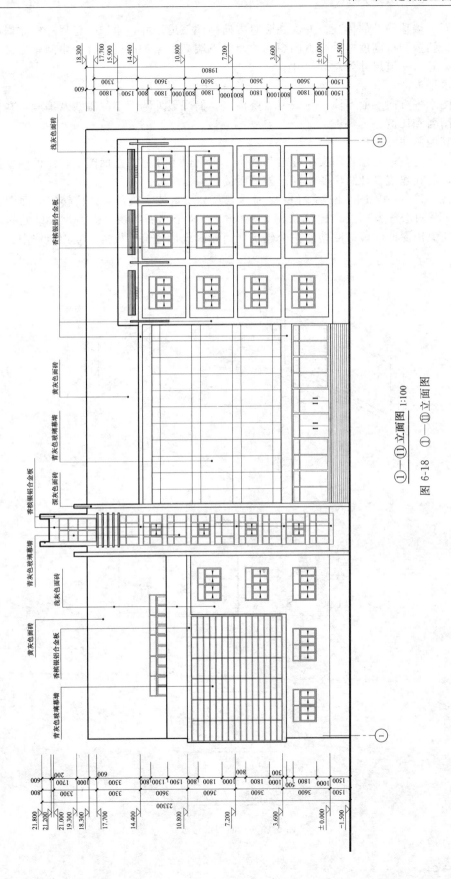

①—⑪立面图 1:100

图 6-18 ①—⑪立面图

下口、屋面、墙顶等处的标高，并应在竖直方向标注三道尺寸：里边一道尺寸标注房屋的室内外高差、门窗洞口高度、垂直方向窗间墙及窗下墙高、檐口高度尺寸；中间一道尺寸标注层高尺寸；外边一道尺寸为总高尺寸。

（2）水平方向

立面图水平方向一般不注尺寸，但需要标出立面图最外两端墙的轴线及编号，并在图的下方注写图名和比例。

（3）其他标注

立面图上可在适当位置用文字标出其装修，也可以不注写在立面图中，以保证立面图的完整美观，而在建筑设计总说明中列出外墙面的装修。

图 6-19、图 6-20、图 6-21 及图 6-22 所示为某县质量技术监督局办公楼的立面图，从图中可看出，该办公楼共四层，建筑总高 23300mm。整个立面明快、大方。入口处的玻璃幕墙和楼梯间突出屋面的装饰阁楼使整个建筑立面充满现代建筑的气息。立面装修中，主要墙

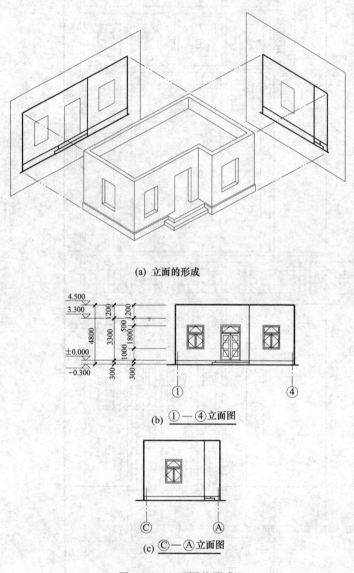

图 6-19 立面图的形成

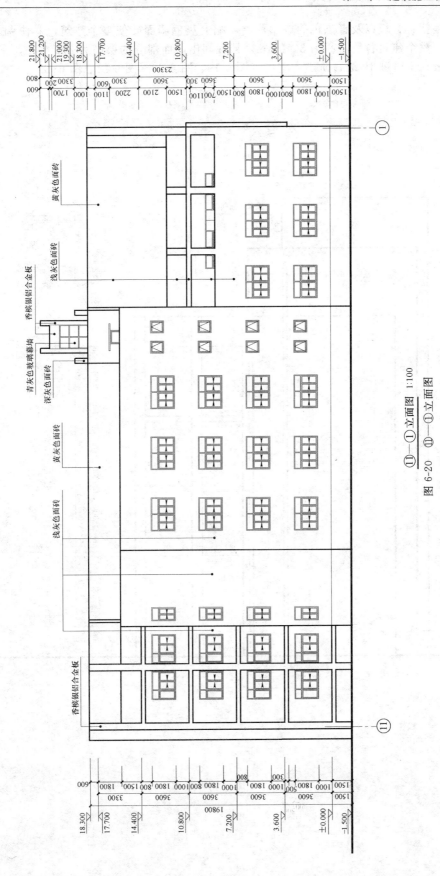

①—①立面图 1:100

图 6-20　①—①立面图

体用香槟银铝合金板以及青杰色的玻璃幕墙，配上灰色墙面砖使整个建筑色彩协调、明快，更加生动。整个建筑各层层高为 3600mm，楼梯间出屋面部分的层高为 3300mm，室内外高差为 1500mm。通过 10 级台阶进入室内（图 6-19、图 6-20、图 6-21、图 6-22）。

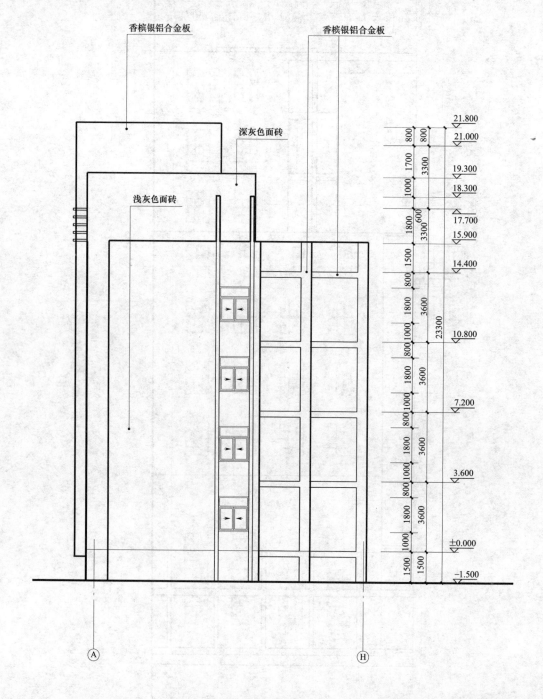

Ⓐ—Ⓗ 立面图 1:100

图 6-21 Ⓐ—Ⓗ立面图

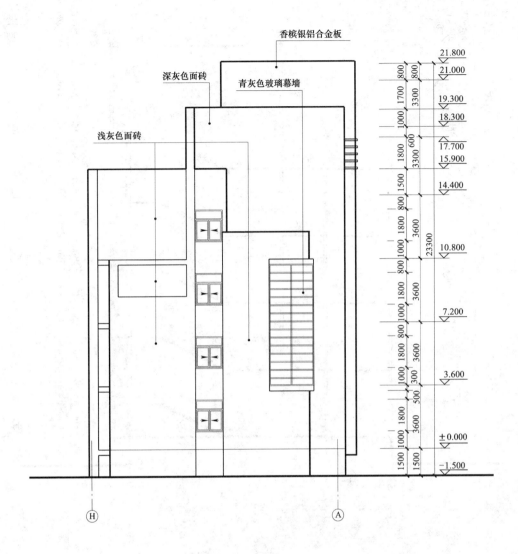

图 6-22　Ⓗ—Ⓐ立面图

6.5　建筑剖面图

6.5.1　建筑剖面图的用途

建筑剖面图主要用来表达房屋内部垂直方向的结构形式、沿高度方向分层情况、各层构造作法、门窗洞口高、层高及建筑总高等（图 6-23）。

6.5.2　建筑剖面图的形成

建筑剖面图（后简称剖面图）是用一假想剖切平面，平行于房屋的某一墙面，将整个房屋从屋顶到基础全部剖切开，把剖切平面和剖切平面与观察者之间的部分移开，将剩下部分按垂直于剖切平面的方向投影而画成的图样（图 6-24）。建筑剖面图就是一个垂直的剖视图。

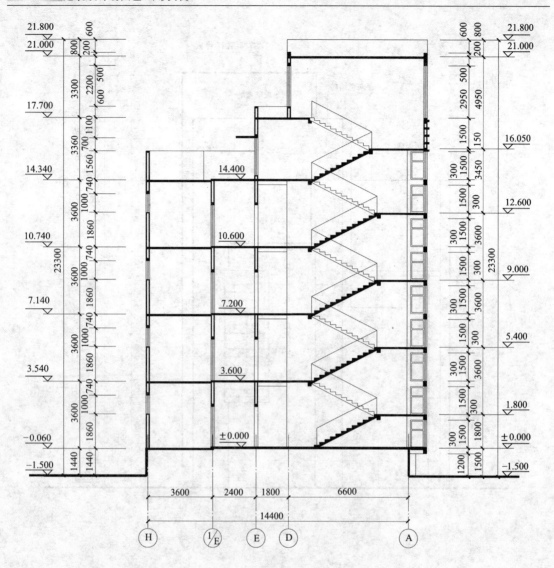

1—1剖面图 1:100

图 6-23 1—1 剖面图

6.5.3 建筑剖面图的剖切位置及剖视方向

（1）剖切位置

剖面图的剖切位置标注在同一建筑物的底层平面图上。剖面图的剖切位置应根据图纸的用途或设计深度，在平面图上选择能反映建筑物全貌、构造特征以及有代表性的部位剖切，实际工程中剖切位置常选择在楼梯间并通过需要剖切的门、窗洞口位置（图 6-13）。

（2）剖视方向

平面图上剖切符号的剖视方向宜向后、向右（与习惯的 V、W 投影方向一致），看剖面图应与平面图相结合并对照立面图一起看。

6.5.4 建筑剖面图的比例

剖面图的比例常与同一建筑物的平面、立面图的比例一致，即采用 1：50、1：100 和 1：200 的比例绘制（图 6-23、图 6-25），由于比例较小，剖面图中的门窗等构件也是采用"《建筑制图标准》GB/T 50001—2010"规定的图例来表示（表 6-2）。

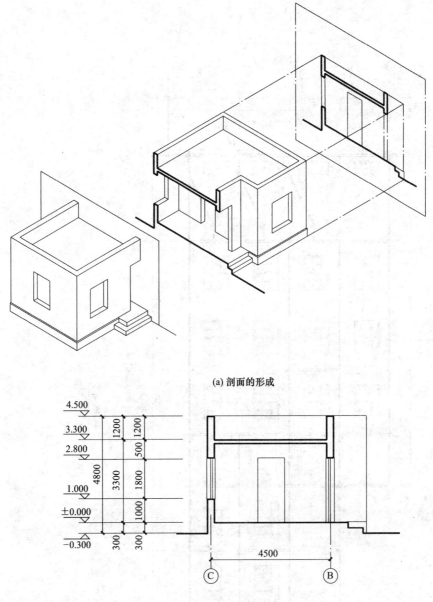

(a) 剖面的形成

(b) 剖面图

图 6-24　剖面图的形成

　　为了清楚地表达建筑各部分的材料及构造层次，当剖面图比例大于 1∶50 时，应在剖到的构件断面画出其材料图例（表 5-1）。当剖面图比例小于 1∶50 时，则不画具体材料图例，而用简化的材料图例表示其构件断面的材料，如钢筋混凝土构件可在断面涂黑以区别砖墙和其他材料。

6.5.5　建筑剖面图的线型

　　剖面图的线型按"《建筑制图标准》GB/T 50001—2010"规定，凡是剖到的墙、板、梁等构件的剖切线用粗实线表示；而没有剖到的其他构件的投影，则常用细实线表示（图 6-23、图 6-25）。

6.5.6　建筑剖面图的尺寸标注

（1）竖直方向

剖面图的尺寸标注在竖直方向上图形外部标注三道尺寸及建筑物的室内外地坪、各层楼

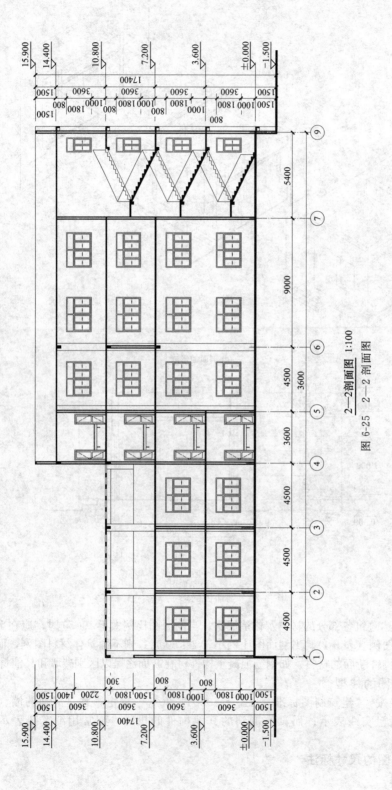

2—2剖面图 1:100

图 6-25 2—2 剖面图

面、门窗的上下口及墙顶等部位的标高。图形内部的梁等构件的下口标高也应标注，且楼地面的标高应尽量标注在图形内。外部的三道尺寸：最外一道尺寸为总高尺寸，从室外地平面起标到墙顶止，标注建筑物的总高度；中间一道尺寸为层高尺寸，标注各层层高（两层之间楼地面的垂直距离称为层高）；最里边一道尺寸称为细部尺寸，标注墙段及洞口尺寸。

（2）水平方向

剖面图的尺寸标注在水平方向上常标注剖到的墙、柱及剖面图两端的轴线编号及轴线间距，并在图的下方注写图名和比例。

（3）其他标注

由于剖面图比例较小，某些部位如墙脚、窗台、过梁 、墙顶等节点，不能详细表达，可在剖面图上的该部位处，画上详图索引标志，另用详图来表示其细部构造尺寸。此外，楼地面及墙体的内外装修，可用文字分层标注。

图 6-23、图 6-25 所示为某县质量技术监督局办公楼的剖面图，从图中可看出此建筑物共四层，整个建筑各层层高均为 3600mm，楼梯间出屋面部分的层高为 3300mm，室内外高差为 1500mm，建筑总高 23300mm。从图 6-25 中竖直方向的外部尺寸还可以看出，各层窗台至楼地面高度为 1000mm，窗洞口高 1800mm。图 6-23 的左端是卫生间的位置（可从图6-13一层平面图中看出），故可以看到此处的各层楼地面都低于其他房间楼地面；从左边的外部尺寸还可以看出，卫生间的各层窗台至楼地面高度为 1860mm，窗洞口高 1000mm。图 6-23 中还表达了从底楼上到四楼的楼梯及屋顶的形式。由于本剖面图比例为 1∶100，故构件断面除钢筋混凝土梁、板涂黑表示外，墙及其他构件不再加画材料图例。

以上讲述了建筑的总平面图及平面图、立面图和剖面图，这些都是建筑物全局性的图样。在这些图中，图示的准确性是很重要的，应力求贯彻国家制图标准，严格按制图标准规定绘制图样。尺寸标注也是非常重要的，应力求准确、完整、清楚，并弄清各种尺寸的含义。

平面图中总长、总宽尺寸，立面图和剖面图中的总高尺寸为建筑的总尺寸。

平面图中的轴线尺寸，立面图、剖面图及后面要介绍的建筑详图中的细部尺寸为建筑的定量尺寸，也称定形尺寸，某些细部尺寸同时也是定位尺寸。

每一种建筑构配件都有三种尺寸：标志尺寸、构造尺寸和实际尺寸。标志尺寸（又称设计尺寸），是在进行设计时采用的尺寸。构件在制作时采用的尺寸称为构造尺寸。由于建筑构配件表面较粗糙，考虑到施工时各个构件之间的安装搭接方便，构件在制作时便要考虑两构件搭接时的施工缝隙，故构造尺寸＝标志尺寸－缝宽。实际尺寸是建筑构配件制作完成后的实际尺寸，由于制作时的误差，实际尺寸＝构造尺寸±允许误差。

6.6 建筑平、立、剖面图的画法

房屋建筑图是施工的依据，图上一条线、一个字的错误，都会影响基本建设的速度，甚至给国家带来极大损失。应采取认真的态度和负责的精神来绘制好房屋建筑图，使图纸清晰、正确，尺寸齐全，阅读方便，便于施工等。

修建一幢房屋需要很多图纸，其中平、立、剖面图是房屋的基本图样。规模较大，层次较多的房屋，常常需要若干平、立、剖面图和构造详图才能表达清楚。对于规模较小、结构简单的房屋，图样的数量自然少些。在画图之前，首先考虑画哪些图样，在决定画哪些图样时，要尽可能以较少量的图样将房屋表达清楚。其次要考虑选择适当的比例，决定图幅的大小。有了图样的数量和大小，最后考虑图样的布置，在一张图纸上，图样布局要匀称合理，布置图样时，应考虑注尺寸的位置。上述三个步骤完成以后便可开始绘图。

6.6.1 平面图的画图步骤

平面图的画图步骤如图 6-26 所示。

① 画墙柱的定位轴线［图 6-26（a）］。

② 画墙厚、柱子截面、定门窗位置［图 6-26（b）］。

③ 画台阶、窗台、楼梯（本图无楼梯）等细部位置［图 6-26（c）］。

④ 画尺寸线、标高符号［图 6-26（d）］。

⑤ 检查无误后，按要求加深各种曲线并标注尺寸数字、书写文字说明［图 6-26（d）］。

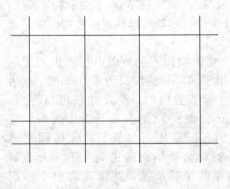

(a)

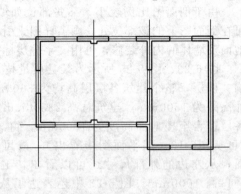

(b)

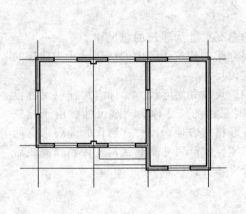

(c)

平面图 1:100

(d)

图 6-26 平面图的画图步骤

6.6.2 立面图的画图步骤

立面图的画图步骤如图 6-27 所示。

① 画室外地坪线、门窗洞口、檐口、屋脊等高度线，并由平面图定出门窗洞口的位置，画墙（柱）身的轮廓线 [图 6-27 (a)]。

② 画勒脚线、台阶、窗台、屋面等各细部 [图 6-27 (b)]。

③ 画门窗分隔、材料符号，并标注尺寸和轴线编号 [图 6-27 (c)]。

④ 加深图线，并标注尺寸数字和书写文字说明 [图 6-27 (c)]。

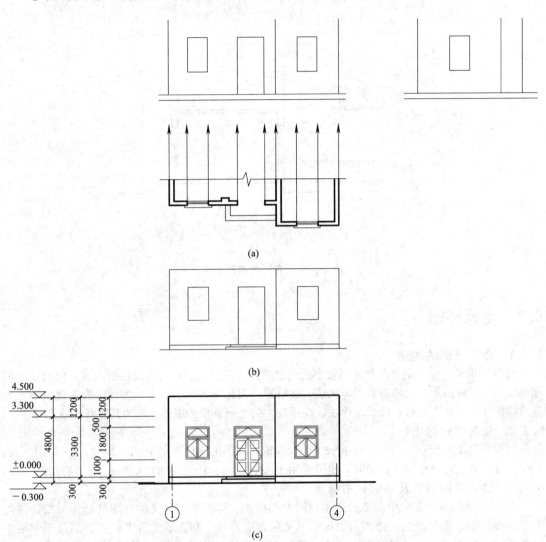

图 6-27　立面图的画图步骤

注意，侧立面图的画图步骤同正立面图，画图时可同时进行，本图的侧立面图只画了第一步。

6.6.3　剖面图的画图步骤

剖面图的画图步骤如图 6-28 所示。

① 画室内外地坪线、最外墙（柱）身的轴线和各部高度 [图 6-28 (a)]。

② 画墙厚、门窗洞口及可见的主要轮廓线 [图 6-28 (b)]。

③ 画屋面及踢脚板等的厚度 [图 6-28 (c)]。

④ 加深图线，并标注尺寸数字和书写文字说明 [图 6-28 (c)]。

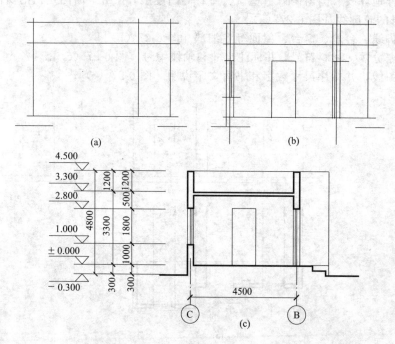

图 6-28　剖面图的画图步骤

6.7　建筑详图

6.7.1　建筑详图的用途

房屋建筑平、立、剖面图都是用较小比例绘制的，主要表达建筑全局性的内容，但对于房屋细部或构、配件的形状、构造关系等无法表达清楚，因此在实际工作中，为详细表达建筑节点及建筑构配件的形状、材料、尺寸及作法，而用较大的比例画出的图形，称为建筑详图或大样图。

6.7.2　建筑详图的比例

"《建筑制图标准》（GB/T 50001—2010）"规定，详图的比例宜用 1∶1、1∶2、1∶5、1∶10、1∶20、1∶50 的比例绘制，必要时，也可选用 1∶3、1∶4、1∶25、1∶30、1∶40 等的比例。

6.7.3　建筑详图标志及详图索引标志

为了便于看图，常采用详图标志和详图索引标志。详图标志（又称详图符号）画在详图的下方，相当于详图的图名；详图索引标志（又称索引符号）则表示建筑平、立、剖面图中某个部位需另画详图表示，故详图索引标志是标注在需要画出详图的位置附近，并用引出线引出。

图 6-29 所示为详图索引标志，其水平直径线及符号圆圈均以细实线绘制，圆的直径为10mm，水平直径线将圆分为上下两半［图 6-29 （a）］，上方注写详图编号，下方注写详图所在图纸编号［图 6-29 （c）］；如详图绘在本张图纸上，则仅用细实线在索引标志的下半圆内画一段水平细实线即可［图 6-29 （b）］；如索引的详图是采用标准图，应在索引标志水平直径的延长线上加注标准图集的编号［图 6-29 （d）］。索引标志的引出线宜采用水平方向的直线或与水平方向成 30°、45°、60°、90°的直线，以及经上述角度再折为水平方向的折线。文字说明宜注写在引出线横线的上方，引出线应对准索引符号的圆心。

图 6-30 所示为用于索引剖面详图的索引标志。应在被剖切的部位绘制剖切位置线，并以引出线引出索引标志，引出线所在的一侧应视为剖视方向。图 6-30 中的粗实线为剖切位置线，表示该图为剖面图。

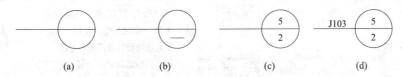

图 6-29　详图索引标志

　　详图的位置和编号应以详图符号（详图标志）表示。详图标志应以粗实线绘制，直径为 14mm。详图与被索引的图样，同在一张图纸内时，应在详图标志内用阿拉伯数字注明详图的编号［图 6-31（a）］；如不在同一张图纸内时，也可以用细实线在详图标志内画一水平直径，上半圆内注明详图编号，下半圆内注明被索引图纸的图纸编号［图 6-31（b）］。

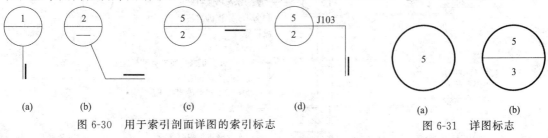

图 6-30　用于索引剖面详图的索引标志　　　　图 6-31　详图标志

　　屋面、楼面、地面为多层次构造。多层次构造用分层说明的方法标注其构造作法。多层次构造的引出线，应通过被引出的各层。文字说明宜用 5 号或 7 号字注写在横线的上方或横线的端部，说明的顺序由上至下，并应与被说明的层次相互一致。如层次为横向排例，则由上至下的说明顺序与由左至右的层次相互一致，如图 6-32 所示。

　　一套施工图中，建筑详图的数量视建筑工程的体量大小及难易程度来决定，常用的详图有：外墙身详图，楼梯间详图，卫生间、厨房详图，门窗详图，阳台、雨篷等详图。由于各地区都编有标准图集，故在实际工程中，有的详图可直接查阅标准图集。

6.7.4　外墙身详图

　　外墙身详图即房屋建筑的外墙身剖面详图，主要用于表达如下内容。

　　外墙的墙脚、窗台、过梁、墙顶以及外墙与室内外地坪、外墙与楼面、屋面的连接关系；门窗洞口、底层窗下墙、窗间墙、檐口、女儿墙等的高度；室内外地坪、防潮层、门窗洞口的上下口、檐口、墙顶及各层楼面、屋面的标高；屋面、楼面、地面的多层次构造；立面装修和墙身防水、防潮要求，以及墙体各部位的线脚、窗台、窗楣、檐口、勒脚、散水的尺寸、材料和作法等内容，如图 6-33 所示。

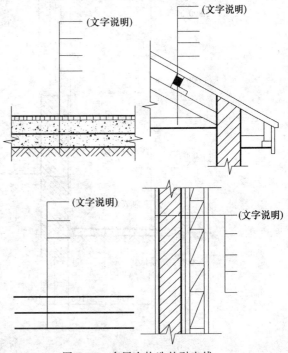

图 6-32　多层次构造的引出线

　　外墙身详图可根据底层平面图中，外墙身剖切位置线的位置和投影方向来绘制（如图 6-13 中的 3—3 剖切位置），也可根据房屋剖面图中，外墙身上索引符号所指示需要出详图的节点来绘制。

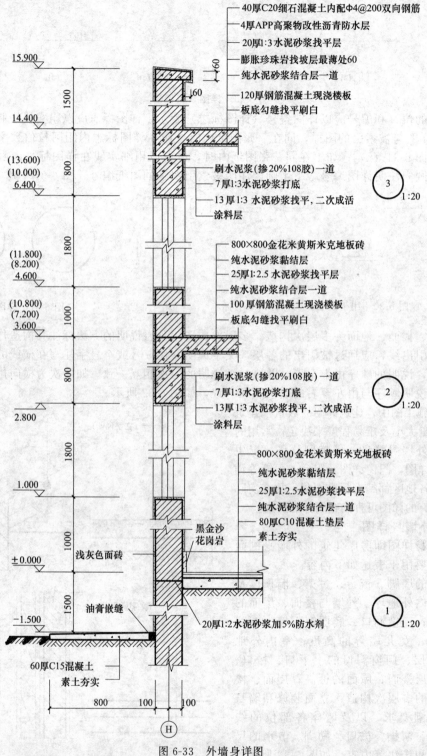

40厚C20细石混凝土内配Φ4@200双向钢筋
4厚APP高聚物改性沥青防水层
20厚1:3水泥砂浆找平层
膨胀珍珠岩找坡层最薄处60
纯水泥砂浆结合层一道
120厚钢筋混凝土现浇楼板
板底勾缝找平刷白

刷水泥浆(掺20%108胶)一道
7厚1:3水泥砂浆打底
13厚1:3 水泥砂浆找平,二次成活
涂料层

③ 1:20

800×800金花米黄斯米克地板砖
纯水泥砂浆黏结层
25厚1:2.5 水泥砂浆找平层
纯水泥砂浆结合层一道
100厚钢筋混凝土现浇楼板
板底勾缝找平刷白

刷水泥浆(掺20%108胶)一道
7厚1:3水泥砂浆打底
13厚1:3 水泥砂浆找平,二次成活
涂料层

② 1:20

800×800金花米黄斯米克地板砖
纯水泥砂浆黏结层
25厚1:2.5 水泥砂浆找平层
纯水泥砂浆结合层一道
80厚C10混凝土垫层
素土夯实

黑金沙花岗岩

浅灰色面砖

20厚1:2水泥砂浆加5%防水剂

油膏嵌缝

① 1:20

60厚C15混凝土
素土夯实

图 6-33 外墙身详图

外墙身详图常用1:20的比例绘制,线型同剖面图,详细地表明外墙身从防潮层至墙顶间各主要节点的构造。为节约图纸和表达简洁完整,常在门窗洞口上下口中间断开,成为几个节点详图的组合。有时,还可以不画整个墙身详图,而只把各个节点的详图分别单独绘制。多层房屋中，若中间几层的情况相同，也可以只画底层、顶层和一个中间层来表示。

外墙身详图的±0.000 或防潮层以下的基础以结施图中的基础图为准。层面、楼面、地面、散水、勒脚等和内外墙面装修的作法、尺寸应和建施图首页中的统一构造说明相对照。

图 6-33 所示为某县质量技术监督局办公楼的外墙身详图。它是分成 3 个节点来绘制的。墙体厚度为 200mm，底层窗下墙为 1000mm 高，各层窗洞口均为 1800mm 高，女儿墙高 1500mm，室内地坪标高为±0.000，室外地坪标高−1.500，底层地面、散水、防潮层、各层楼面、屋面的标高及构造作法都可在图中看到。

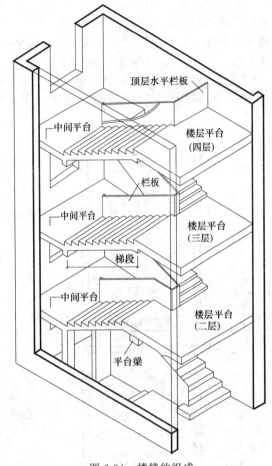

图 6-34　楼梯的组成

6.7.5　楼梯间详图

楼梯是楼层垂直交通的必要设施。

楼梯由梯段、平台和栏杆（或栏板）扶手组成（图 6-34）。

常见的楼梯平面形式有：单跑楼梯（上下两层之间只有一个梯段）、双跑楼梯（上下两层之间有两个梯段、一个中间平台）、三跑楼梯（上下两层之间有三个梯段、两个中间平台）等（图 6-35）。

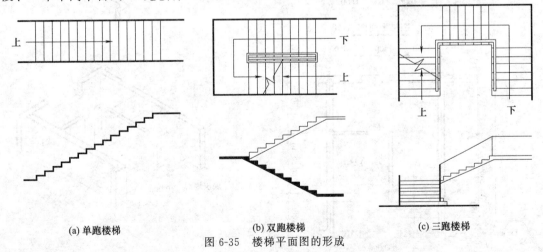

(a) 单跑楼梯　　　　　(b) 双跑楼梯　　　　　(c) 三跑楼梯

图 6-35　楼梯平面图的形成

楼梯间详图包括楼梯平面图、剖面图、踏步栏杆等详图，主要表示楼梯的类型、结构形式、构造和装修等。楼梯间详图应尽量安排在同一张图纸上，以便阅读。

（1）楼梯平面图

楼梯平面图常用1∶50的比例画出。

楼梯平面图的水平剖切位置，除顶层在安全栏板（或栏杆）之上外，其余各层均在上行第一跑中间（图6-36）。各层被剖切到的上行第一跑梯段，都在楼梯平面图中画一条与踢面线成30°的折断线（构成梯段的踏步中与楼地面平行的面称为踏面，与楼地面垂直的面称为踢面）。各层下行梯段不予剖切。楼梯间平面图为房屋各层水平剖切后的直接正投影，如同

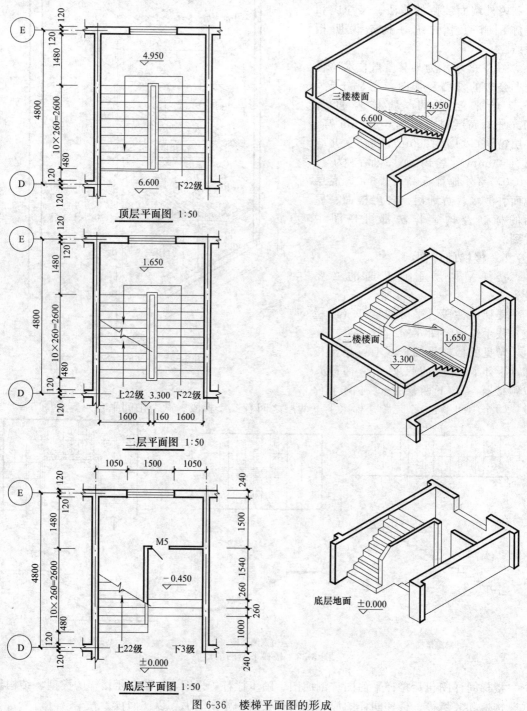

图 6-36 楼梯平面图的形成

建筑平面图，如中间几层构造一致，也可只画一个标准层平面图。楼梯平面图常常只画出底层、中间层和顶层三个平面图。

各层楼梯平面图宜上下对齐（或左右对齐），这样既便于阅读又便于尺寸标注和省略重

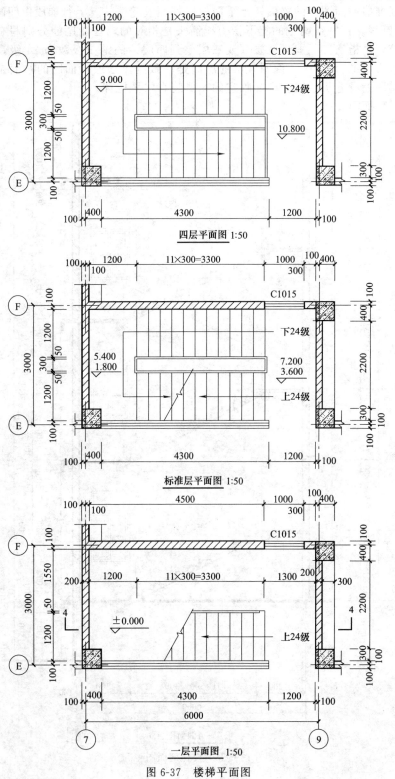

图 6-37　楼梯平面图

复尺寸。平面图上应标注该楼梯间的轴线编号、开间和进深尺寸，楼地面和中间平台的标高，以及梯段长、平台宽等细部尺寸。梯段长度尺寸标为：踏面数×踏面宽＝梯段长。

图 6-37 所示为某县质量技术监督局办公楼的楼梯平面图。底层平面图中只有一个被剖到的梯段。标准层平面图中的踏面，上下两梯段都画成完整的。上行梯段中间画有一与踢面线成 30°的折断线。折断线两侧的上下指引线箭头是相对的，在箭尾处分别写有"上 24 级"和"下 24 级"，是指从二层上到三层（或三层上到四层）的踏步级数为 24 级，而从二层下到一层的踏步级数也为 24 级。说明各层的层高是一致的。顶层平面图的踏面是完整的。只有下行，故梯段上没有折断线。楼面临空的一侧装有水平栏杆。

(2) 楼梯剖面图

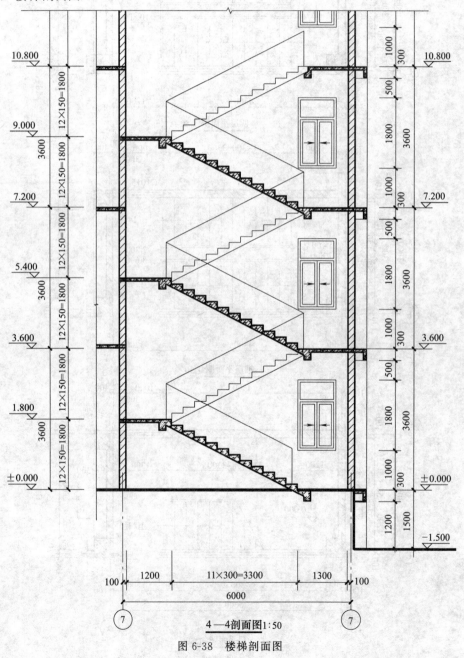

图 6-38　楼梯剖面图

116

楼梯剖面图常用 1：50 的比例画出。其剖切位置应选择在通过第一跑梯段及门窗洞口，并向未剖切到的第二跑梯段方向投影（如图 6-37 中的剖切位置）。图 6-38 为按图 6-37 剖切位置绘制的剖面图。

剖到梯段的步级数可直接看到，未剖到梯段的步级数因栏板遮挡或因梯段为暗步梁板式等原因而不可见时，可用虚线表示，也可直接从其高度尺寸上看出该梯段的步级数。

多层或高层建筑的楼梯剖面图，如中间若干层构造一样，可用一层表示相同的若干层剖面，从此层的楼面和平台面的标高可看出所代表的若干层情况。

楼梯剖面图的标注如下。

① 水平方向应标注被剖切墙的轴线编号、轴线尺寸及中间平台宽、梯段长等细部尺寸。

② 竖直方向应标注剖到墙的墙段、门窗洞口尺寸及梯段高度、层高尺寸。梯段高度应标为：步级数×踢面高＝梯段高。

③ 标高及详图索引：楼梯剖面图上应标出各层楼面、地面、平台面及平台梁下口的标高，如需画出踢步、扶手等的详图，则应标出其详图索引符号和其他尺寸，如栏杆（或栏板）高度。

6.7.6 门窗详图

门在建筑中的主要功能是交通、分隔、防盗、兼作通风、采光。

窗的主要作用是通风、采光。

（1）木门、窗详图

木门、窗由门（窗）框、门（窗）扇及五金件等组成（图 6-39、图 6-40）。

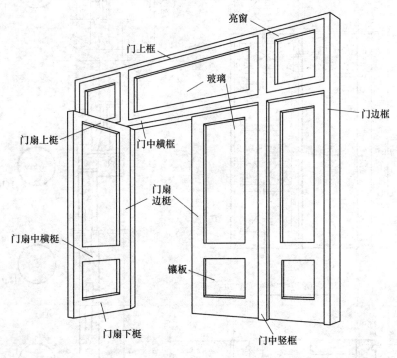

图 6-39　木门的组成

门、窗洞口的基本尺寸，1000mm 及以下时按 100mm 为增值单位增加尺寸，1000mm 以上时，按 300mm 为增值单位增加尺寸。

门、窗详图一般都有分别由各地区建筑主管部门批准发行的各种不同规格的标准图（通用图、重复利用图）供设计者选用。若采用标准详图，则在施工图中只需说明该详图所在标

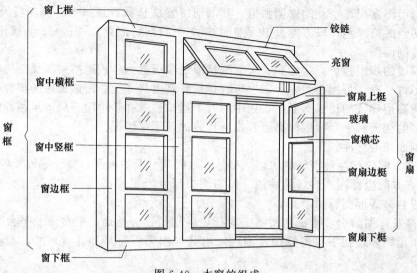

图 6-40　木窗的组成

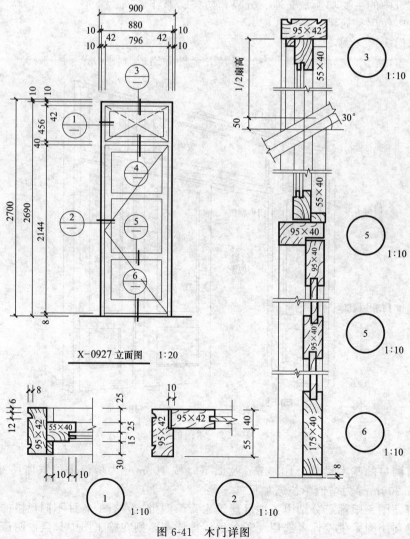

X-0927 立面图　1:20

图 6-41　木门详图

准图集中的编号即可。如果未采用标准图集时，则必须画出门、窗详图。

门、窗详图由立面图、节点图、断面图和门窗扇立面图等组成。

① 门、窗立面图　常用 1：20 的比例绘制。它主要表达门、窗的外形、开启方式和分扇情况，同时还标出门窗的尺寸及需要画出节点图的详图索引符号（图 6-41）。

一般以门、窗向着室外的面作为正立面。门、窗扇向室外开者称外开，反之为内开。"《建筑制图标准》GB/T 50001—2010"规定：门、窗立面图上开启方向外开用两条细斜实线表示，如用细斜虚线表示，则为内开。斜线开口端为门、窗扇开启端，斜线相交端为安装铰链端。如图 6-41 中门扇为外开平开门，铰链装在左端，门上亮子为中悬窗，窗的上半部分转向室内，下半部分转向室外。

门、窗立面图的尺寸一般在竖直和水平方向各标注三道：最外一道为洞口尺寸；中间一道为门窗框外包尺寸；里边一道为门、窗扇尺寸。

② 节点详图　常用 1：10 的比例绘制。节点详图主要表达各门窗框和门、窗扇的断面形状与构造关系以及门、窗扇与门窗框的连接关系等内容。

习惯上将水平（或竖直）方向上的门、窗节点详图依次排列在一起，分别注明详图编号，并相应地布置在门、窗立面图的附近（图 6-41）。

门、窗节点详图的尺寸主要为门、窗料断面的总长、总宽尺寸，如"95×42"、"55×40"、"95×40"等为"X-0927"代号门的门框、亮窗窗扇上下梃、门扇上梃、中横梃及门窗边梃的断面尺寸。除此之外，还应标出门、窗扇在门、窗框内的位置尺寸，如图 6-41②号节点图中，门扇进门框 10mm。

③ 窗料断面图　常用 1：5 的比例绘制，主要用于详细说明各种不同门、窗料的断面形状和尺寸。断面内所注尺寸为净料的总长、总宽尺寸（通常每边要留 2.5mm 厚的加工余

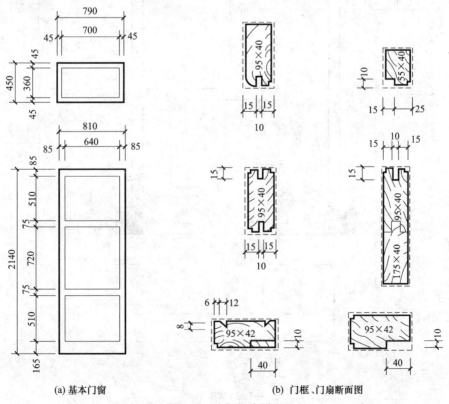

(a) 基本门窗　　　　　　　　　　　(b) 门框、门扇断面图

图 6-42　木门门扇详图

量），断面图四周的虚线即为毛料的轮廓线，断面外标注的尺寸为决定其断面形状的细部尺寸（图6-42）。

④ 门、窗扇立面图　常用1∶20比例绘制，主要表达门、窗扇形状及窗扇边梃、窗扇上下梃、门镶板、纱芯或玻璃板的位置关系（图6-42）。

门、窗扇立面图在水平和竖直方向各标注两道尺寸：外边一道为门、窗扇的外包尺寸；里边一道为扣除裁口的边梃门窗扇上下梃、门窗中横梃的尺寸，以及门镶板、纱芯或玻璃的尺寸（也是门窗边梃和上下梃门窗中横梃的定位尺寸）。

（2）铝合金门、窗及钢门、窗详图

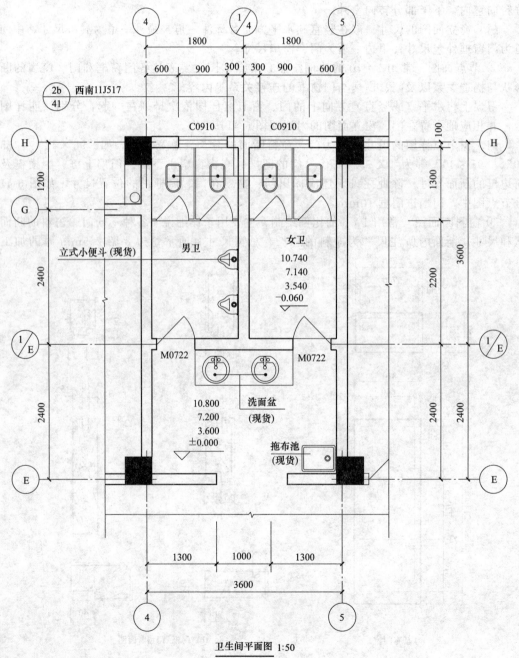

卫生间平面图 1:50

图 6-43　卫生间详图

　　铝合金门、窗及钢门、窗和木制门、窗相比，在坚固、耐久、耐火和密闭等性能上都较优越，而且节约木材，透光面积较大，各种开启方式如平开、翻转、立转、推拉等都可适应，因此已大量用于各种建筑上。铝合金门、窗及钢门、窗的立面图表达方式及尺寸标注与木门、窗的立面图表达方式及尺寸标注一致，其门、窗料断面形状与木门、窗料断面形状不同，但图示方法及尺寸标注要求与木门、窗相同。各地区及国家已有相应的标准图集，如国家建筑标准设计图集有：02J603—1。

　　铝合金门、窗的代号与木制门、窗代号稍有不同，如"HPLC"为"滑轴平开铝合金窗"，"TLC"为"推拉铝合金窗"，"PLM"为"平开铝合金门"，"TLM"为"推拉铝合金门"等。

6.7.7　卫生间详图

　　卫生间详图主要表达卫生间内各种设备的位置、形状及安装作法等。

　　卫生间详图有平面详图、全剖面详图、局部剖面详图、设备详图、断面图等。其中，平面详图是必要的，其他详图应根据具体情况选取采用，只要能将所有情况表达清楚即可。

　　卫生间平面详图是将建筑平面图中的卫生间用较大比例，如1∶50、1∶40、1∶30等，把卫生设备一并详细地画出的平面图。它可表达出各种卫生设备在卫生间内的布置、形状和大小。图 6-43 所示为某县质量技术监督局办公楼的卫生间详图。

　　卫生间平面详图的线型与建筑平面图相同，各种设备可见的投影线用细实线表示，必要的不可见线用细虚线表示。当比例小于或等于1∶50时，其设备按图例表示。当比例大于1∶50时，其设备应按实际情况绘制。如各层的卫生间布置完全相同，则只画其中一层的卫生间即可。

　　平面详图除标注墙身轴线编号、轴线间距和卫生间的开间、进深尺寸外，还要注出各卫生设备的定量、定位尺寸和其他必要的尺寸，以及各地面的标高等。平面图上还应标注剖切线位置、投影方向及各设备详图的详图索引标志等。

　　其他详图的表达方式、尺寸标注等，都与前面所述详图大致相同，故不再重复。

第7章 结构施工图

7.1 概述

任何建筑物都是由许许多多的结构构件和建筑配件组成的，其中的一些结构构件，如梁、板、墙、柱和基础等，是建筑物的主要承重构件。这些构件相互支承，连成整体，构成了房屋的承重结构系统。房屋的承重结构系统称为建筑结构，或简称结构，而组成这个系统的各个构件称为结构构件。

设计一幢房屋，除了要进行建筑设计外，还要进行结构设计。结构设计的基本任务，就是根据建筑物的使用要求和作用于建筑物上的荷载，选择合理的结构类型和结构方案，进行结构布置；经过结构计算，确定各结构构件的几何尺寸、材料等级及内部构造；以最经济的手段，使建筑结构在规定的使用期限内满足安全、适用耐久的要求。把结构设计的结果绘成图样，就称为结构施工图，简称结施图。结构施工图是进行构件制作、结构安装、编制预算和施工进度的依据。

建筑结构按其主要承重构件所采用的材料不同，一般可分为钢结构、木结构、砖石结构（也称混合结构）和钢筋混凝土结构等。不同的结构类型，其结构施工图的具体内容及编排方式也各有不同，包括：基础平面图，楼层结构布置平面图，屋面结构平面图，梁、板、柱及基础结构详图，楼梯结构详图，屋架结构详图等。

由于结构构件的种类繁多，为了便于绘图和读图，在结构施工图中常用代号来表示构件的名称。常用构件代号见表 7-1。

表 7-1 常用构件代号（摘自 GB/T 50105—2010）

序号	名　称	代号	序号	名　称	代号	序号	名　称	代号
1	板	B	17	框支梁	KZL	33	框支柱	KZZ
2	屋面板	WB	18	吊车梁	DL	34	基础	J
3	空心板	KB	19	圈梁	QL	35	设备基础	SJ
4	槽形板	CB	20	过梁	GL	36	桩	ZH
5	折板	ZB	21	剪力墙连梁	LL	37	柱间支撑	ZC
6	密肋板	MB	22	基础梁	JL	38	垂直支撑	CC
7	楼梯板	TB	23	楼梯梁	TL	39	水平支撑	SC
8	盖板或沟盖板	GB	24	檩条	LT	40	梯	T
9	挡雨板或檐口板	YB	25	屋架	WJ	41	雨篷	YP
10	吊车安全走道板	DB	26	托架	TJ	42	阳台	YT
11	墙板	QB	27	天窗架	CJ	43	梁垫	LD
12	天沟板	TGB	28	框架	KJ	44	预埋件	M
13	梁	L	29	刚架	GJ	45	天窗端壁	TD
14	屋面梁	WL	30	支架	ZJ	46	钢筋网	W
15	框架梁	KL	31	柱	Z	47	钢筋骨架	G
16	屋面框架梁	WKL	32	框架柱	KZ	48	混凝土墙	Q

注：预应力钢筋混凝土构件代号，应在构件代号前加注"Y—"，如 Y—KB 表示预应力空心板。

7.2 民用房屋结构施工图

民用房屋结构施工图一般包括：结构设计说明、基础图（基础平面图、基础断面详图和文字说明三部分）、结构布置图（楼层结构布置平面图、屋面结构布置平面图、楼梯间结构布置平面图、圈梁结构布置平面图）、构件详图等。

7.2.1 结构设计说明

以文字的形式表示结构设计所遵循的规范、主要设计依据（如地质条件，风、雪荷载，抗震设防要求等）、设计荷载、统一的技术措施、对材料和施工的要求等。对于一般的中、小型建筑，结构设计说明可以与建筑设计说明合并编写成设计总说明，置于全套施工图的首页。

7.2.2 基础图

（1）基础的组成

基础是建筑物地面以下承受建筑物全部荷载的构件。基础下面承受基础传递荷载的地层称为地基。条形基础的组成如图 7-1 所示。基坑是为基础施工而在地面上开挖的土坑，坑底即基础的底面。埋入地下的墙称为基础墙。基础墙下阶梯形的砌体称为大放脚。大放脚以下最宽部分的一层称为垫层。防潮层是防止地下水对墙体侵蚀的一层防潮材料。

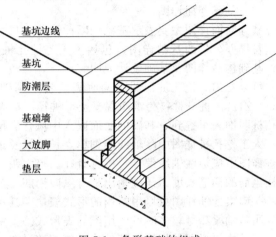

图 7-1 条形基础的组成

基础可采用不同的构造形式，选用不同的材料。混合结构民用建筑的基础，按其构造形式可分为墙下条形基础［图 7-2（a）］和柱下单独基础［图 7-2（b）］；按其材料的不同可分为砖（石）基础、混凝土基础、毛石混凝土基础和钢筋混凝土基础。

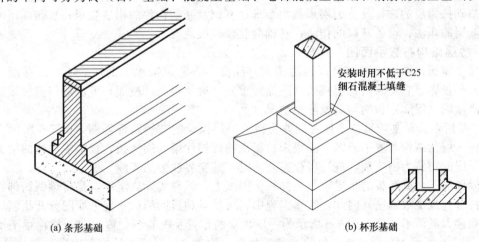

（a）条形基础　　　　　　　　　（b）杯形基础

图 7-2 基础的形式

基础图一般包括基础平面图、基础断面详图和文字说明三部分。为便于查图、方便施工，一般应将这三部分编绘于同一图纸上。现以柱下桩基础为例，说明基础图的图示内容及其特点。

（2）基础平面图

基础平面图是假想用一水平剖切平面，沿建筑物底层地面（即±0.000）将其剖开，移去剖切平面以上的建筑物并假想基础未回填土前所作的水平投影。

基础平面图常用比例为 1∶100 或 1∶150，其图示内容如下。

图 7-3 为某县质量技术监督局办公楼的基础平面图，从中可以看出，整幢房屋的基础有墙下条形基础，也有柱下的人工挖孔桩基础，从而可以了解到基础的平面布置。

基础平面图中应以细单点长画线画出与建筑平面图一致的轴线网；用细实线画出基础底面轮廓线。注意习惯上不画大放脚台阶轮廓线。

基础平面图中应标注轴线编号和轴线间距尺寸以及基础与轴线的关系尺寸，还应表示出基础上不同断面的剖切符号或基础构件编号，如图 7-3 中的人工挖孔桩编号 ZH1、ZH2 及基础梁编号 JL1、JL2 等。基础平面图中还要反映与基础连接的柱、剪力墙等竖向承重构件，如图 7-3 中的框架柱编号 KZ1、KZ2 等。

（3）基础断面详图

基础断面详图主要表示基础的断面形状、尺寸、材料及作法。图 7-4 所示为某县质量技术监督局办公楼的基础详图，包括了人工挖孔桩桩身详图、挖孔桩明细表、基础梁配筋详图、基础构造详图及基础设计说明。

可以看出，挖孔桩详图可同时表达整个基础平面图中的人工挖孔桩基础 ZH1、ZH2、ZH3、ZH4，桩身材料为钢筋混凝土，桩径、扩大头尺寸及配筋可根据其具体位置在图中的挖孔桩明细表里查到，基础的底面嵌入中风化岩层深的深度可以在桩明细表里查到。

人工挖孔桩详图中除轴线用细单点长画线及钢筋用中实线外，其余均为细实线。人工挖孔桩详图中应标注轴线编号、桩身直径、跨大头直径、嵌岩深度、基础顶面的标高、基础顶部柱钢筋的插筋长度，还应画出桩身纵向钢筋、箍筋及构造钢筋的形状。

基础梁配筋详图可以用断面的形式表达，其钢筋构造要求可以在配筋构造详图中统一画出，当基础梁型号较多时可以用配筋表形式。

基础构造详图是指控制基础构造要求的详图，如基础梁钢筋锚固、搭接构造详图和桩基础与承台连接详图及主、次梁附加箍筋及吊筋详图等。

基础设计说明可以放在基础图中说明，也可以放在总说明中，其主要内容如下：房屋 ±0.000 标高的绝对高程；柱下或墙下的基础形式；注明该工程地质勘察单位及勘察报告的名称；基础持力层的选择及持力层承载力要求；基础及基础构件的构造要求；基础选用的材料；防潮层的作法；设备基础的作法；基础验收及检验的要求。

7.2.3 楼层结构布置平面图

楼层（屋面）结构布置图是假想沿楼面（屋面）将建筑物水平剖切后所得的楼面（屋面）的水平投影。它反映出每层楼面（屋面）上板、梁及楼面（屋面）下层的门窗过梁布置以及现浇楼面（屋面）板的构造及配筋情况。

图 7-5 所示为某县质量技术监督局办公楼的一层顶梁的布置及配筋图，图 7-6 所示为该办公楼板一层的结构布置平面图。图中未被楼面构件挡住梁为细实线，被楼板挡住的梁为细虚线，下层的雨篷为细实线，现浇楼板有高差时，其交界线为细实线。

一般情况下，梁和板的布置可画在同一张图纸上，但在实际施工中，是将梁钢筋绑扎完毕后，再绑扎现浇板钢筋。因此，实际工程中，可将梁和板的结构布置平面图分开绘制，以免标注太多太乱而不清晰。图 7-5 所示为一层顶梁的布置及配筋图，称为"一层顶梁平法施工图"，图 7-6 所示为一层顶板的结构布置平面图，称为"一层顶板结构布置平面图"。

从图 7-5 中可看出：该房屋为框架结构的房屋。在Ⓑ轴、Ⓔ轴、Ⓕ轴上有 KL1-2（3）、KL1-4（9A）、KL1-5（1）等纵向框架梁，在①轴、②轴、③轴上有 KL1-8（2）、KL1-9（2）等横向框架梁，另外在框架梁之间还布置有 L1-1（3）、L1-2（3A）、L1-3（1）等梁。梁的断面尺寸及配筋也可从图中看出。图中①轴的纵向框架梁 KL1-8（2）上符号的具体含义为：

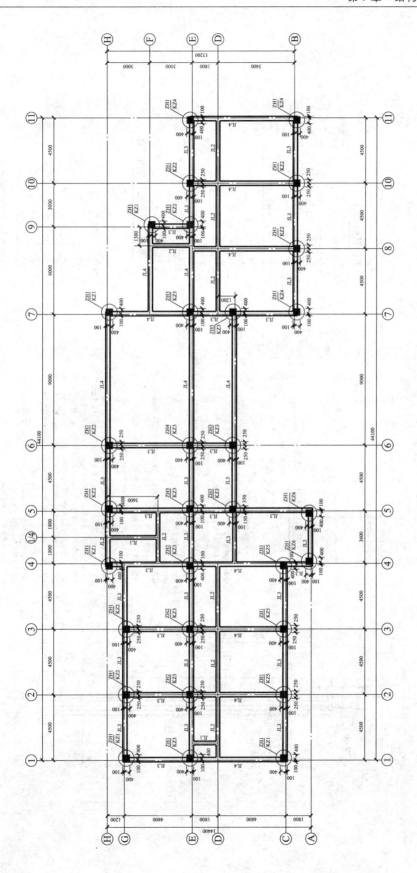

<u>基础平面图</u> 1:100

图 7-3 基础平面图

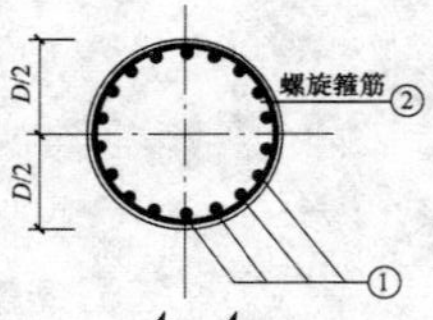

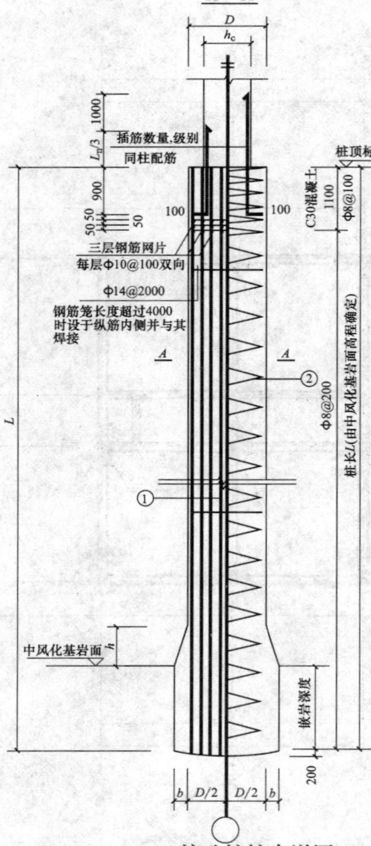

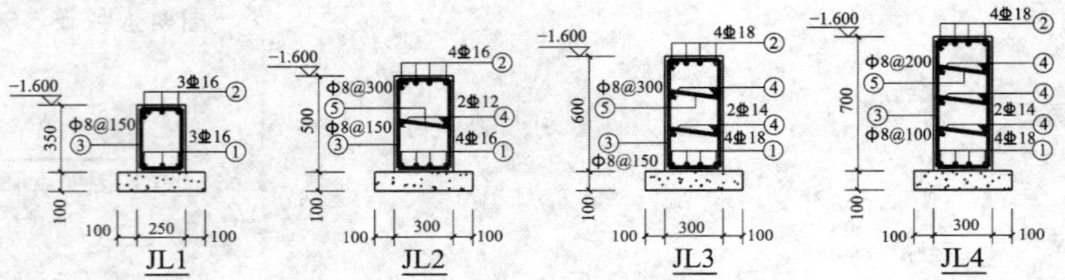

挖孔桩明细表

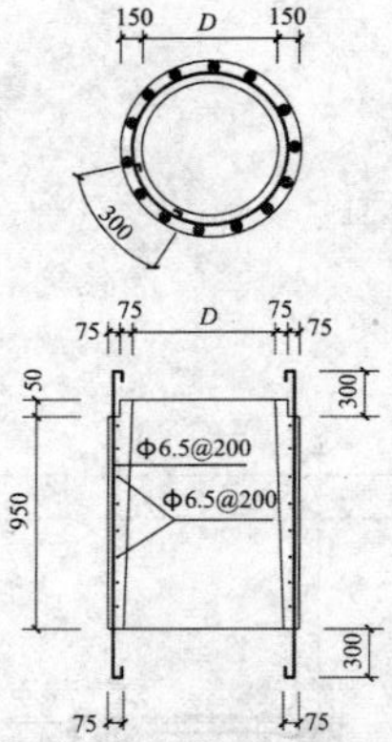

编号	桩长L/m 桩长L由中风化岩面确定	桩径D/mm	嵌岩深度H/mm	桩顶标高岩面高程 B_g	①	②	b	h
ZH1		1100	1100	-1.600	12Φ14	Φ8	0	0
ZH2		1100	1200	-1.600	12Φ14	Φ8	50	150
ZH3		1100	1300	-1.600	12Φ14	Φ8	100	300
ZH4		1100	1400	-1.600	12Φ14	Φ8	150	450

JL4　JL3　JL2　JL1

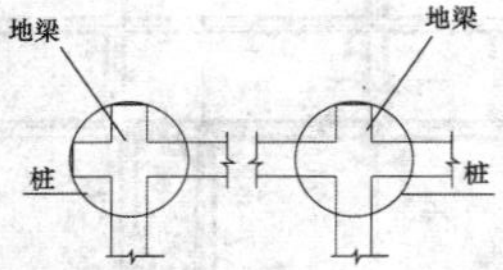

基础梁端节点在桩内位置

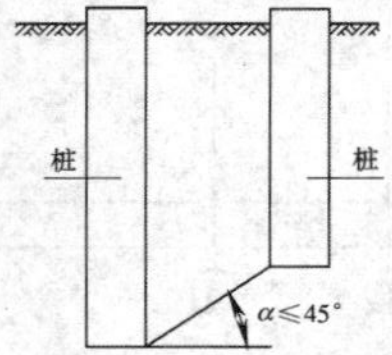

图一　相邻桩高差控制详图

挖孔桩护壁详图

基础设计说明

1．本工程柱下采用混凝土人工挖孔桩。
2．本工程根据中国××建筑勘察研究院提供的《某办公楼工程地质勘察报告》进行设计。
3．要求挖孔桩至持力层为中风化砂岩。
4．基坑开挖至持力层后，必须做岩心试样抗压试验，应由甲方设计、地勘、质监、地勘人员现场验槽后方可浇注基础。$f_{r} \geqslant 10MPa$。
5．除标注外基础端对中，端对中心布置。
6．材料强度等级和保护层厚度为
　混凝土：挖孔桩采用C25，桩顶梁承台范围混凝土强度等级等同基础混凝土强度，基础梁采用C30，垫层、护壁采用C15。
　钢筋：Φ为HPB235（Ⅰ级）钢筋，全为HRB400（Ⅲ级）钢筋。
　保护层厚度：挖孔桩有护壁时采用40mm，无护壁时采用50mm，基础梁（JL）采用40mm。
7．挖孔桩施工时应切实做好护壁并注意排水，保证施工安全。
8．基坑开挖中，应及时做好护壁，封闭，避免基坑长时间露置风化而降低承载力。
9．基础梁入土处有加腋，桩入土处有接头，有接头时应采用焊接，同一截面内……
10．接头钢筋面积不应超过全部纵筋面积的50%。
11．基础梁梁底面纵向钢筋在支座或支座两侧……

图7-4　基础详图

挖孔桩身详图

A—A

中风化基岩面

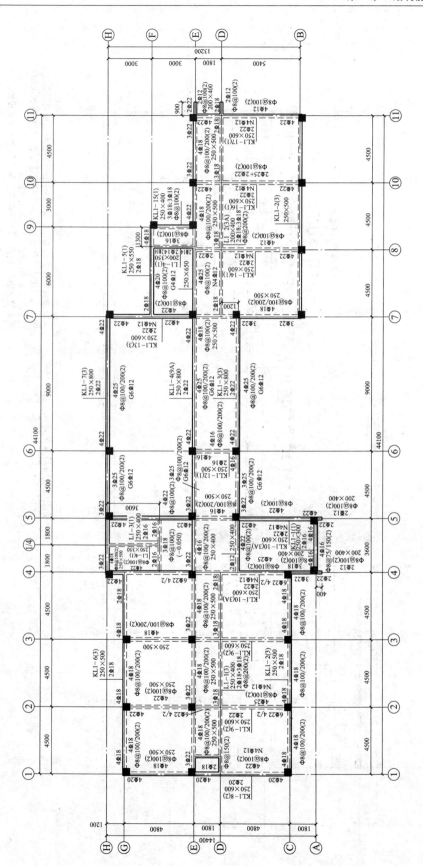

一层顶梁平法配筋图 1:100 3.600

图 7-5　一层顶梁平法施工图

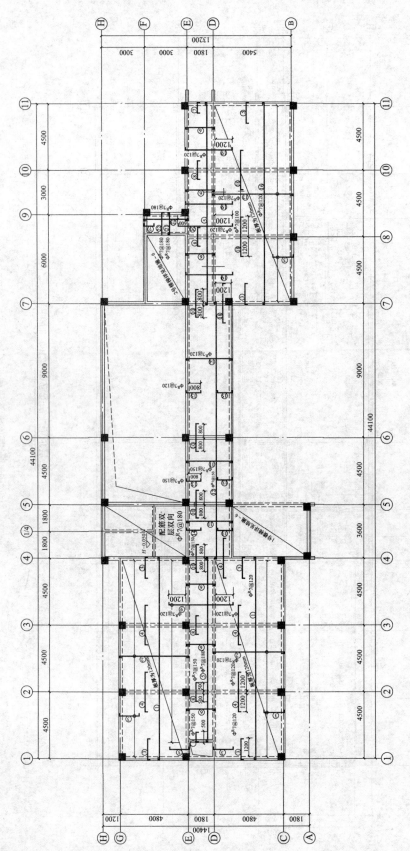

说明：
1.未注明现浇楼板厚均为100mm。未注明现浇板配筋为双层双向Φᴿ7@180。
2.图中需封堵的管井,先预留钢筋,待管道安装完毕后再封闭混凝土。
3.图中降板标高均相对于本层楼面标高。
4.图中填充墙构造柱除注明外均按结构总说明中要求设置。

一层顶板结构布置平面图 1:100 ▽3.600

图 7-6 一层顶板结构布置平面图

KL1-8（2）——梁编号为 KL1-8，梁跨数为 2 跨；

　　250×600——梁的断面尺寸，梁宽 250，梁高 600；

　　梁编号下 2Φ20——梁截面上部的纵向贯通钢筋为两根直径为 20mm 的主筋；

　　梁下边第一支座左侧 4Φ20——梁支座上部钢筋为 4 根直径为 20mm 的主筋；

　　梁下边第一跨中右侧 4Φ22——该跨梁下部钢筋为 4 根直径为 22mm 的主筋；

　　梁下边第一跨中右侧Φ8@100（2）——该跨梁箍筋为直径 8mm 的两肢箍，间距为 100mm；

　　梁下边第一跨中右侧 N4Φ12——梁截面的侧面每边布置两根直径为 12mm 的钢筋。

　　梁平法施工图中应标注轴线编号和轴线间距尺寸以及各梁与轴线的关系尺寸，还应标注该层梁顶的平面标高，如第一层梁顶的标高为 3.600m。对于个别梁需要降标高的可以在该梁的编号下增加一个标高差，如④～⑤轴间的 L1-3（1）的编号下的（-0.050）代表该梁相对于本层楼边标高降低 0.050m。

　　从图 7-6 可看出：本层为现浇钢筋混凝土楼盖，钢筋采用一级钢筋，现浇板厚为 100mm。与梁平法施工图一样，图中应标注轴线编号和轴线间距尺寸以及各梁与轴线的关系尺寸，还应标注该层顶板的平面标高，如第一层梁顶的标高为 3.600m。对于卫生间、阳台等需要降低楼板标高的房间应在该房间注明房间的标高，如④～⑤轴间的卫生间地面标高为 3.550m。

　　在结构平面图中配置双层钢筋时底层的钢筋应向上或向左，如图 7-7 中①、②号钢筋；顶层的钢筋应向下或向右，如图 7-7 中③、④号钢筋。

　　现浇楼板中的钢筋应进行编号。对于型号、形状、长度及间距相同的钢筋采用相同编号，底层钢筋与顶层钢筋应分开编号。相同编号的钢筋可以仅对其中一根钢筋的长度、型号及间距进行标注。

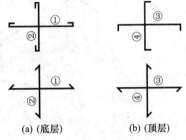

(a)（底层）　　　　(b)（顶层）

图 7-7　钢筋画法

　　每一组相同的钢筋可以用一根粗实线表示。在一个梁区格或由墙围成房间范围内相同的钢筋仅画一次，对于多房间相同的钢筋，也可以用简化标注方法，如图 7-6 中②号钢筋仅画出一根，同时用一根带斜短划线的横穿细线表示其余钢筋的起始位置是①轴，终止位置是④轴。

7.2.4　构件详图

（1）钢筋混凝土构件

混凝土是由水泥、砂子、石子和水按一定比例拌和而成的一种人工石材，其凝固后坚硬如石，抗压能力强，但抗拉能力较弱。一简支（素）混凝土梁在荷载作用下将发生弯曲，其中性层以上部分受压，中性层以下部分受拉。由于混凝土抗拉能力较弱，在较小荷载作用下，梁的下部就会因拉裂而折断。若在该梁下部受拉区布置适量的钢筋，用钢筋代替混凝土受拉，由混凝土承担受压区的压力（有时也可在受压区布置适量钢筋，以帮助混凝土受压），这样就能极大地提高梁的承载能力（图 7-8）。

配有钢筋的混凝土构件称为钢筋混凝土构件，如钢筋混凝土梁、板、柱等。在制作钢筋混凝土构件时，通过张拉钢筋，对混凝土施加预应力，以提高构件的强度和抗裂性能，这样的构件称为预应力钢筋混凝土构件。

钢筋混凝土构件的钢筋，按其作用可分为以下几种（图 7-9）。

①受力筋：在构件中起主要受力作用（受拉或受压），可分为直筋和弯筋两种。

②箍筋：主要承受一部分剪力，并固定受力筋的位置，多用于梁、柱等构件。

③架立筋：用于固定箍筋位置，将纵向受力筋与箍筋连成钢筋骨架。

④分布筋：用于板内，与板内受力筋垂直布置，其作用是将板承受的荷载均匀地传递给受力筋，并固定受力筋的位置，此外还能抵抗因混凝土的收缩和外界温度变化在垂直于板跨方向的变形。

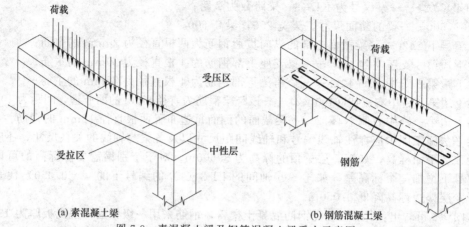

(a) 素混凝土梁　　　　　　　　　　　　　(b) 钢筋混凝土梁

图 7-8　素混凝土梁及钢筋混凝土梁受力示意图

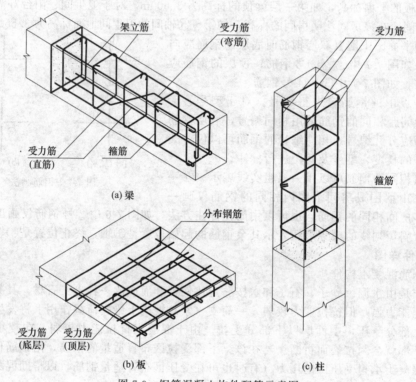

(a) 梁

(b) 板　　　　　　　　(c) 柱

图 7-9　钢筋混凝土构件配筋示意图

⑤ 构造筋：由于构件的构造要求和施工安装需要而设置的钢筋，如吊筋、拉结筋、预埋锚固筋等。

（2）钢筋混凝土构件详图

钢筋混凝土构件详图是加工钢筋、制作和安装模板、浇灌构件的依据。其图示内容包括：模板图、配筋图、钢筋明细表及文字说明。

① 模板图：为浇注构件、安装模板而绘制的图样。主要表示构件的形状、尺寸、孔洞及预埋件的位置，并详细标注其定量及定位尺寸。对于外形较简单的构件，一般不必单独画模板图，只需在配筋立面图中将构件的外形尺寸表示清楚即可。

② 配筋图：主要表示构件内部各种钢筋的布置情况，以及各种钢筋的形状、尺寸、数

量、规格等。其内容包括配筋立面图、断面图和钢筋详图。

a. 配筋立面图常用比例为 1∶20，断面图应比立面图放大一倍。

b. 梁的可见、不可见轮廓线以细实线、细虚线表示。

c. 图中钢筋一律以粗实线绘制，钢筋断面以小黑圆点表示。箍筋若沿梁全长等距离布置，则在立面图中部画出三四个即可，但应注明其间距。钢筋与构件轮廓线应有适当距离，以表示混凝土保护层厚度（按照规范规定，梁的保护层厚度为 25mm，板为 15～20mm）。

d. 断面图的数量应视钢筋布置的情况而定，以将各种钢筋布置表示清楚为宜。

e. 所有钢筋均应以阿拉伯数字顺序进行编号。编号圆圈直径为 6mm。采用引出线标注钢筋的数量及规格。形状、规格完全相同的钢筋用同一编号表示。编号圆圈宜整齐排列。

f. 在钢筋立面图中应标注梁的长度、高度尺寸；在断面图中应标注梁的宽度、高度尺寸。

g. 对于配筋较复杂的构件，应将各种编号的钢筋从构件中分离出来，用与立面图相同的比例画成钢筋详图，画在立面图的下方，分别标注各种钢筋的编号、根数、直径以及各段的长度（不包括弯钩长度）和总长。

下面以图 7-10 为例说明。

该梁为一矩形截面梁。梁长 2400mm、宽 150mm、高 200mm。

立面图中表示出梁内钢筋的上下和左右排列情况；断面图则表示钢筋的上下、前后排列情况。该梁有 1—1、2—2 两个断面图。

① 号钢筋的标注为 2Φ14，即两根直径为 14mm 的一级钢筋。从 1—1、2—2 两个断面图中可以看出，①号钢筋位于梁下部的前、后转角处，是通长的直筋。

② 号钢筋标注为 1Φ14，即 1 根直径为 14mm 的一级钢筋。该钢筋在 1—1 断面位于梁的上部，在 2—2 断面位于梁的下部，说明此筋为弯起钢筋，其形状从钢筋详图中清楚可见。

③ 号钢筋的标注为 2Φ12，即两根直径为 12mm 的一级钢筋。该筋位于梁上部的前、后转角处，是通长的直筋。

④ 号钢筋标注为 Φ6.5@200，表示沿梁通长布置的直径为 6.5mm 的箍筋，其间距为 200mm。

钢筋详图详细地表示出各种编号的钢筋形状、根数、规格及分段尺寸。

(3) 钢筋明细表

为了编制施工预算，统计钢筋用料，便于下料、加工，应将每一构件列出钢筋明细表，注明构件中各种钢筋的编号、简图、规格、长度、数量及总长等。图 7-10 中 XL-1 的钢筋明细表见表 7-2。

表 7-2 钢筋明细表

构件名称	钢筋编号	钢筋简图	钢筋规格	长度/mm	数量	总长/m	备注
XL-1	①	2350	Φ14	2500	2	5.000	
	②	220 212 1610 212 220 / 150 150 150 150	Φ14	2924	1	2.924	
	③	2350	Φ12	2450	2	4.900	
	④	150 200 150 100	Φ6.5	600	13	7.800	

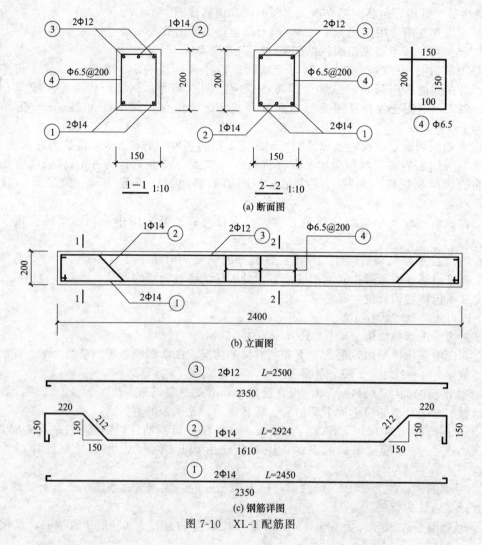

(a) 断面图

(b) 立面图

(c) 钢筋详图

图 7-10　XL-1 配筋图

（4）文字说明

文字说明以文字形式说明该构件的材料、规格、施工要求、注意事项等。

第8章 设备施工图

8.1 概述

设备施工图包括如下内容。

安装在建筑物内的给水、排水管道，电气线路、燃气管道、采暖通风空调等管道，以及相应的设施、装置都属于建筑设备工程，它们都服务于建筑物，但不属于其土木建筑部分。所以，建筑设备施工图是根据已有的相应建筑施工图来绘制的。

建筑设备施工图无论是水、电、气中的任意一种专业图，一般都由平面图、系统图、详图及统计表、文字说明组成。在图示方法上有两个主要特点：第一，建筑设备的管道或线路是建筑设备施工图的重点，通常用单粗线绘制；第二，建筑设备施工图中的建筑图部分不是为土建施工而绘制的，而是作为建筑设备的定位基准而画出的，一般用细线绘制，不画建筑细部。

建筑设备施工图简称"设施图"，而室内给水排水施工图一起统称为建筑给水排水施工图，简称"水施图"。它一般由给水排水平面图、给水系统图、排水系统图及必要的详图和设计说明组成。本章将介绍建筑给水排水系统的组成、建筑给水排水图例、阅读及绘制方法。

8.2 室内给水排水施工图

8.2.1 建筑给水排水系统组成

（1）建筑给水

民用建筑给水通常分生活给水系统和消防给水系统。一般民用建筑如住宅、办公楼等可将两者合并为生活-消防给水系统。现以生活-消防给水为例说明建筑给水的主要组成（图8-1）。

① 引入管　又称进户管，是从室外供水管网接出，一般穿过建筑物基础或外墙，引入建筑物内的给水连接管段。每条引入管应有不小于3‰的坡度坡向外供水管网，并应安装阀门，必要时还要设泄水装置，以便管网检修时放水用。

② 配水管网　即将引入管送来的给水输送给建筑物内各用水点的管道，包括水平干管、给水立管和支管。

③ 配水器具　包括与配水管网相接的各种阀门、放水龙头及消防设备等。

④ 水池、水箱及加压装置　当外部供水管网的水压、流量经常或间断不足，不能满足建筑给水的水压、水量要求，需设贮水池或高位水箱及水泵等加压装置。

⑤ 水表　用来记录用水量。根据具体情况可在每个用户、每个单元、每幢建筑物或一个居住区内设置水表。需单独计算用水量的建筑物，水表应安装在引入管上，并装设检修阀

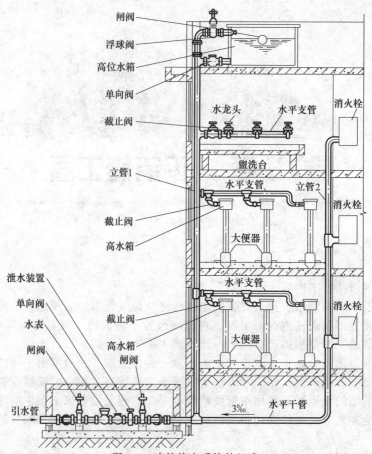

图 8-1　建筑给水系统的组成

门、旁通管、池水装置等。通常把水表及这些设施通称为水表结点。室外水表结点应设置在水表井内。

（2）建筑排水

民用建筑排水主要是排出生活废水、生活污水及屋面雨（雪）水。一般民用建筑物如住宅、办公楼等可将生活污（废）水合流排出，雨水管单独设置。现以排除生活污水为例，说明建筑排水系统的主要组成（图 8-2）。

① 卫生器具及地漏等排水泄水口

卫生器具包括大便器、小便器、洗脸盆等，地漏是为排除卫生间地面污水而设置的。

② 排水管道及附件

a. 存水弯（水封段）　其水封将隔绝和防止有害、易燃气体及虫类通过卫生器具泄水口侵入室内。常用的管式存水弯有 N（S）形和 P 形。

b. 连接管　连接卫生器具及地漏等泄水口与排水横支管的短管（除坐式大便器、钟罩式地漏外，均包括存水弯），也称卫生器具排水管。

c. 排水横支管　接纳连接管的排水并将排水转送到排水立管，且坡向排水立管。若与大便器连接管相接，排水横支管管径应不小于 DN100，坡向排水立管的标准坡度为 2%。

d. 排水立管　接纳排水横支管的排水并转送到排水排出管（有时送到排水横干管）的竖直管段。其管径不能小于 DN50 或所连横支管管径。

e. 排出管　将排水立管或排水横干管送来的建筑排水排入室外检查井（窨井）并坡向检查井的横管。其管径应大于或等于排水立管（或排水横干管）的管径，坡度为 1%～3%，最大坡度不宜大于15%。在条件允许的情况下，尽可能取高限，以利尽快排水。

f. 检查井 建筑排水检查井在室内排水排出管与室外排水管的连接处设置，将室内排水安全地输至室外排水管道中。

g. 通气管 通气管及顶层检查口以上的立管管段，排除有害气体，并向排水管网补充新鲜空气，利于水流畅通，保护存水弯水封。其管径一般与排水立管相同。通气管高出屋面的高度不小于300mm，同时必须大于屋面最大积雪厚度。在经常有人停留的平屋面上，通气管口应高出屋面2m。

h. 管道检查、清堵装置 如清扫口、检查口。清扫口可单向清通，常用于排水横管上。检查口则为双向清通的管道维修口。立管上的检查口之间距离不大于10m，通常每隔一层设一个检查口，但底层和顶层必须设置检查口。其中心距相应楼（地）面一般为1m，应高出该层卫生器具上边缘150mm。

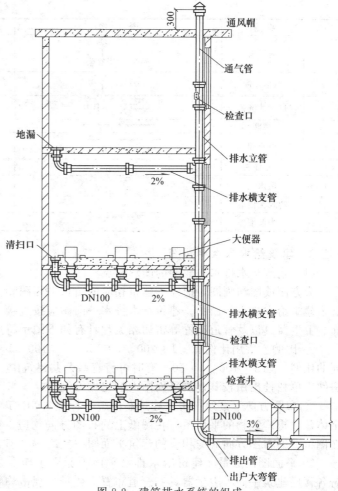

图8-2 建筑排水系统的组成

8.2.2 建筑给水排水图例

按照《给水排水制图标准》GB/T 50106—2010，建筑给水排水图例见表8-1。

表8-1 建筑给水排水图例（摘自 GB/T 50106—2010）

序号	名　称	图　例	说　明
1	管道	——J—— ——W—— ——J_1—— ——J_2——	用汉语拼音字头表示管道类别 若同类管道需要详细区分，常在字母右下角依次加注数字编号，如表中"J_1"和"J_2"，分别表示两种给水管道
		———— —— ——	用图例表示管道类别
2	管道立管	XL ╱ XL ╲ 平面　系统	X:管道类别代号　L:立管
3	存水弯	P形　N(S)形	
4	坡向	———→	
5	检查孔	⊢	
6	清扫口	—◎ 平面　系统	

续表

序号	名 称	图 例	说 明
7	通气帽	↑ 成品 铅丝球	
8	圆形地漏		
9	自动冲洗箱		
10	闸阀		
11	截止阀	DN≥50 DN＜50	
12	放水龙头		
13	污水池		
14	蹲式大便器		
15	小便槽		

8.2.3 建筑给水排水平面图

（1）建筑给水排水平面图的图示特点

为方便读图和画图，把同一建筑相应的给水平面图和排水平面图画在同一张图纸上，称其为建筑给水排水平面图。建筑给水排水平面图应按直接正投影法绘制，它与相应的建筑平面、卫生器具以及管道布置等密切相关，具有如下图示特点（图 8-3 和图 8-4）。

① 比例　常用比例有：1：200、1：150、1：100、1：50。一般采用与其建筑平面图相同的比例，如 1：100、1：50。有时可将有些公共建筑中，如集体宿舍、教学楼的集中用水房间，单独抽出用较其建筑平面图大的比例绘制。

② 布图方向　按照《房屋建筑制图统一标准》GB/T 50001—2001 的规定"不同专业的个体建（构）筑物的平面图，在图纸上的布图方向均应一致"。因此，建筑给水排水平面图在图纸上的布图方向应与相应的建筑平面图一致。

③ 平面图的数量　建筑给水排水平面图原则上应分层绘制，并在图下方注写其图名。若各楼层建筑平面、卫生器具和管道布置、数量、规格均相同，可只绘标准层和底层给水排水平面图。

底层给水排水平面图一般应画出整幢建筑的底层平面图，其余各层则可只画出装有给水排水管道及其设备的局部平面图，以便更好地与整幢建筑及其室外给水排水平面图对照阅读。标准层给水排水平面图通常也画出全部标准层。

④ 建筑平面图　用细实线（0.25b）抄绘墙身、柱、门窗洞、楼梯及台阶等主要构配件，不必画建筑细部，不标注门窗代号、编号等，但要画出相应轴线，楼层平面图可只画相应道尾边界轴线。底层平面图一般要画出指北针。

⑤ 卫生器具平面图　卫生器具如大便器、小便器、洗脸盆等皆为定型生产产品，而大便槽、小便槽、污水池等虽非工业产品，却是现场砌筑，其详图由建筑设计提供，所以卫生器具均不必详细绘制，定型工业产品的卫生器具用细线画其图例，需现场砌制的卫生设施依其尺寸，按比例画出其图例。若无标准图例，一般只绘其主要轮廓。

⑥ 给水排水管道平面图　给水排水管道及其附件无论在地面上或地面下，均可视为可见，按其图例绘制位于同一平面位置的两根或两根以上的不同高度的管道，为图示清楚，习惯画成平行排列的管道。管道无论明装和暗装，平面图中的管道线仅表示其示意安装位置，并不表示其具体平面定位尺寸。但若管道暗装，图上除应有说明外，管道线应画在墙身断面内。

当给水管与排水管交叉时，应连续画出给水管，断开排水管。

⑦ 标注

a. 尺寸标注　标注建筑平面图的轴线编号、轴线间尺寸，若图示清楚，可仅在底层给水

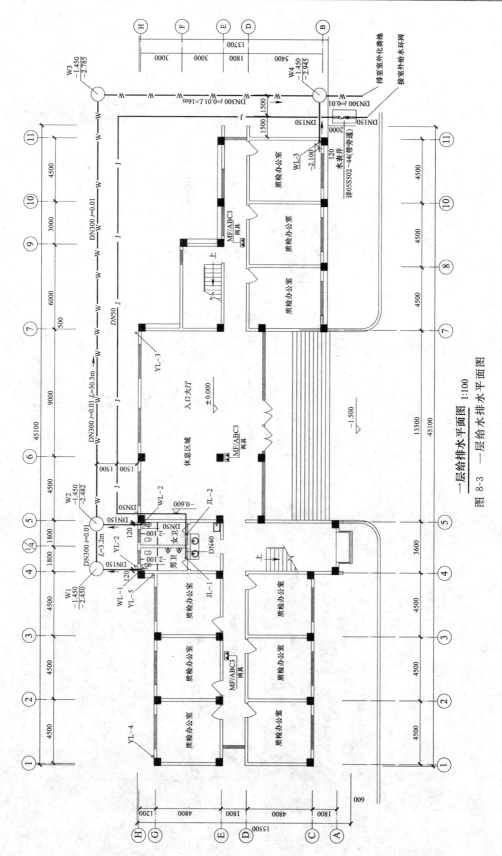

一层给排水平面图 1:100

图 8-3　一层给水排水平面图

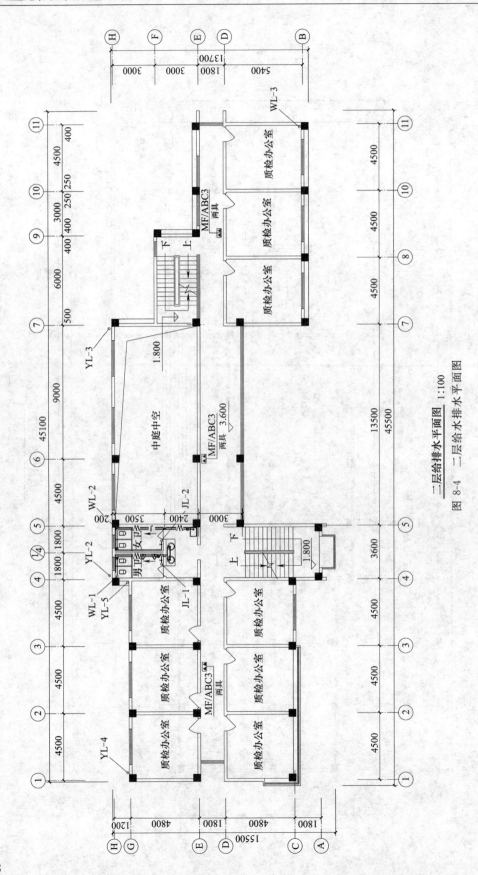

二层给排水平面图 1:100

图 8-4　二层给水排水平面图

排水平面图中标注轴线间尺寸。标注与用水设施有关的建筑尺寸，如隔墙尺寸等。标注引入管、排出管的定位尺寸，通常注明其与相邻轴线的距离尺寸。沿墙敷设的卫生器具和管道一般不必标注定位尺寸，若必须标注时，应以轴线和墙（柱）面为基准标注。卫生器具的规格可用文字标注在引出线上，或在施工说明中或在材料表中注写。管道的长度一般不标注，因为在设计、施工的概算和预算以及施工备料时，一般只需用比例尺从图中近似量取，在施工安装时则以实测尺寸为依据。平面图中，一般只注立管、引入管、排出管的管径，管径标注的要求见表 8-2。除此以外，一般管道的管径、坡度等习惯标注在其系统图中，而不在平面图中标注。

表 8-2　管径标注

管径标准	用公称直径①DN 表示	用管道内径表示	用外径×壁厚表示
适用范围	① 低压流体输送用镀锌焊接钢管 ② 不镀锌焊接钢管 ③ 铸铁管 ④ 硬聚氯乙烯管、聚丙烯管	① 耐酸陶瓷管 ② 混凝土管 ③ 钢筋混凝土管 ④ 陶土管（缸瓦管）	① 无缝钢管 ② 螺旋焊接钢管②
标注举例	DN32	$d300$	$D108×4$

　① 公称直径是工程界对各种管道及附件大小的公认称呼，对各类管子的准确含义是不同的。如对普通压力铸铁管等 DN 等于内径的真值；普通压力钢管的 DN 比其内径略小。

　② 根据有关部门标准，螺旋缝焊接钢管的管径用外径×壁厚表示，而直缝卷焊钢管管径以公称直径表示（见中国建筑工业出版社 1986 年出版的《给水排水设计手册》第十册）。

　b. 标高标注　底层给水排水平面图中需标注室内地面标高及室外地面整平标高。标准层、楼层给水排水平面图应标注适用楼层的标高，有时还要标注用水房间附近的楼面标高。所注标高均为相对标高，并应取至小数点后三位。

　c. 符号标注　对于建筑物的给水排水进口、出口，宜标注管道类别代号，其代号通常采用管道类别的第一个汉语拼音字母，如"J"即给水，"W"即排水。当建筑物的给水排水进、出口数量多于 1 个时，宜用阿拉伯数字编号，以便查找和绘制系统图。编号宜按图 8-5 的方式表示（该图表示 1号排出管或 1 号排出口）。

对于建筑物内穿过一层及多于一层楼层的竖管，用小黑圆点表示，直径约为 2mm，称之为立管，并在旁边标注立管代号，如"JL"、"WL"分别表示给水立管、排水立管。

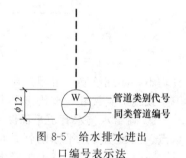

图 8-5　给水排水进出口编号表示法

当立管数量多于一个时，宜用阿拉伯数字编号。编号宜按图 8-6 的方式表示（该图即表示 1号给水立管）。

　d. 文字注写　注写相应平面的功能及必要的文字说明。

（2）建筑给水排水平面图的绘制

绘制建筑给水排水施工图，通常首先绘制给水排水平面图，然后绘制其系统图。绘制建筑给水排水平面图时，一般先画底层给水排水平面图，再画标准层或其余楼层给水排水平面图。绘制给水排水平面图底稿的画图步骤如下。

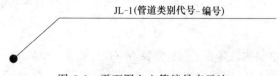

图 8-6　平面图上立管编号表示法

① 画建筑平面图　建筑给水排水平面图的建筑轮廓应与建筑专业一致，其画图步骤也与建筑图中绘制建筑平面图一样，先画定位轴线，再画墙身和门窗洞，最后画必要的构配件。

② 画卫生器具平面图　卫生器具如大便器、小便器、洗脸盆等均为定型产品，而大便槽、小便槽、污水池等虽非工业产品，却是现场砌筑，其详图由建筑设计提供，所以卫生器

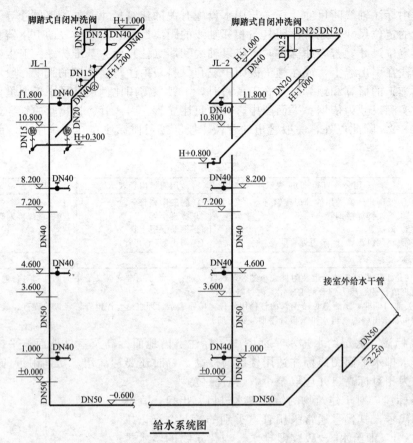

给水系统图

图 8-7　给水系统图

具均不必详细绘制。定型工业产品的卫生器具用细线画出其图例（表 8-1），需现场砌筑的卫生设施依其尺寸，按比例画出其图例，若无标准图例，一般只画出其主要轮廓。

③ 画给水排水管道平面图　简单地说，画建筑给水平面图就是用沿墙的直线连接群用水点，画建筑排水平面图就是用沿墙的直线将卫生器具连接起来。画建筑给水排水平面图时，一般先画立管，然后画给水引入管和排水排出管，最后按照水流方向画出各干管、支管及管道附件。

④ 画必要的图例　若只用了《给水排水制图标准》GB/T 50106—2001 中的标准图例，一般可不另画图例，否则必须画出图例。

⑤ 布置应标注的尺寸、标高、编号和必要的文字　所谓"布置"即用轻淡细线安排上述需标注内容的位置。

8.2.4　建筑给水排水系统图

建筑给水排水系统图反映给水排水管道系统的上、下层之间以及前、后、左、右间的空间关系，各管段的管径、坡度标高以及管道附件位置等。它与建筑给水排水平面图一起表达建筑给水排水工程空间布置情况。

（1）给水排水系统图的图示特点

给水排水系统图是按正面斜等轴测投影法绘制的，具有下列主要特点（参见图 8-7 和图 8-8）。

① 比例　通常采用与之对应的给水排水平面图相同的比例，常用的有 1∶200、1∶150、1∶100、1∶50。当局部管道按比例不易表示清楚时，如在管道和管道附件被遮挡，或者转弯管道变成直线等情况下，这些局部管道可不按比例绘制。

② 布图方向　给水排水系统图的布图方向应该与相应的给水排水平面图一致。

③ 轴向及轴向变形系数
与其他轴测图一样，系统图的轴测轴 O_1Z_1 轴与其相应的给水排水平面图图纸的水平线方向一致，O_1Y_1 轴与图纸水平线方向的夹角宜取 45°，必要时也可取 30°、60°，但相应的给水系统图与排水系统图需用相同角度画出。

三个轴向变形系统数均为 1。

④ 给水排水管道　给水管道系统图一般按各条给水引入管分组，排水管道系统图一般按各条排水排出管分组。引入管和排出管以及立管的编号均应与其平面图的引入管、排出管及立管对应一致，编号表示法同前。

系统图中给水排水管道沿 X_1、Y_1 向的长度直接从平面图上量取，管道高度一般根据建筑层高、门窗高度、梁的位置以及卫生器具、配水龙头、阀门的安装高度等来决定。例如，洗涤池（盆）、盥洗槽、洗脸盆、污水池的放水龙头一般离地（楼）面 0.800m，淋浴器喷头的安装高度一般离地（楼）面 2.100m。设计安装高度一般由安装详图查得，也可根据具体情况自行设计。有坡向的管道按水平管绘制出。管道附件、阀门及附属构筑物等仍用图例表示（表 8-1）。

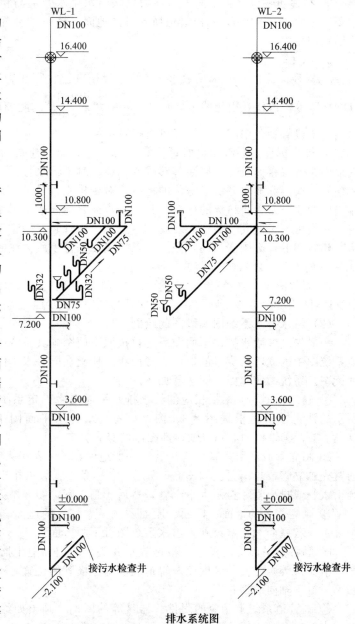

排水系统图

图 8-8　排水系统图

当空间交叉的管道在图中相交时，应判别其可见性。在交叉处，可见管道线连续画出，不可见管道线应断开画出。

当管道相对集中，即使局部不按比例也不能清楚地反映管道的空间走向时，可将某部分管道断开，移到图面合适的地方绘制，在两者需连接的断开部位，应标注相同的大写拉丁字母表示连接编号，如图 8-9 所示。

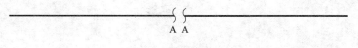

图 8-9　管道连接符号

A—连接编号

⑤ 与建筑物位置关系的表示　为反映给水排水管道与相应建筑物的位置关系，系统图中要用细实线（0.25b）画出管道所穿过的地面、楼面、屋面及墙身等建筑构件的示意位置，所用图例见表 8-1。

⑥ 标注

a. 管径标注　其要求见表 8-2。可将管径直径注写在管道旁边，如图 8-7 中"DN25"、"DN15"等；或注在引出线上，如图 8-8 中"$\dfrac{\text{WL-1}}{\text{DN100}}$"等。有时连续多段相同管径，可只注出始、末段管径，中间管段管径可省略不标注。

b. 标高标注　系统图仍然标注相对标高，并应与建筑图一致。对于建筑物，应标注室内地面、各层楼面及建筑屋面等部位的标高。对于给水管道，标注管道中心标高，通常要标注横管、阀门和放水龙头等部位的标高。对于排水管道，一般要标注立管或通气管的顶部、排出管的起点及检查口等的标高；其他排水横管标高通常由相关的卫生器具和管件尺寸来决定，一般可不标注其标高；必要时，一般标注横管起点的管内底标高。系统图中标高符号画法与建筑图的标高画法相同，但应注意横线要平行于所标注的管线，如图 8-8 中排水排出管 DN100 的标高－2.100 的标注。

⑦ 简化图示　当楼层管道布置、规格等完全相同时，给水系统图和排水系统图上的中间楼层管道可以不画，仅在折断的支管上注写同某层即可。习惯上将底层和顶层系统图完整画出。

（2）给水排水系统图底稿图的绘制

一般先画好给水排水平面图后，再按照平面图画其系统图。布置图面时，习惯上把各管道系统图中的立管所穿过的地面、楼面相应地画在同一水平线上，以利图面整齐，便于画图和读图。系统图底稿图画图步骤如下。

① 确定轴测轴。根据相应的给水排水平面图来确定系统图的轴测轴。如图 8-7、图8-8 所示的轴测轴就是根据图 8-3、图 8-4 的给水排水平面图来确定的，以 Ⓔ 轴作为水平的 O_1X_1 轴，① 轴作为 O_1Y_1 轴，即图纸的竖直方向。

② 画立管或者引入管、排出管。一般地说，若一条引入管或排出管只服务于一根立管，通常先画立管或排出管。如图 8-7 所示，若一条引入管或排出管服务于几根立管时，就宜先画引入管或排出管，再画水平干管，然后才画立管，图 8-8 所示即属这种情况。

③ 画立管上的地面、楼面、屋面图例。立管上的地面、楼面、屋面根据建筑设计标高来确定。若屋面无给水设施，给水系统图可不画屋面。

④ 画各层平面上的横管。根据放水龙头、阀门和卫生器具、管道附件（如地漏、存水弯、清扫口等）的安装高度以及管道坡度确定横管的位置，一般先画平行于轴向的横管，再画不平行于轴向的横管。

⑤ 画管道系统上相应的附件、器具等的图例。画出如给水系统图上的阀门、放水龙头及水表等以及排水系统图上的卫生器具、管道附件、检查井、通气帽等的图例符号。

⑥　画各管道所穿墙、梁的断面图例。

⑦ 在适宜的位置布置应标注的管径、坡度、标高、编号以及必要的文字说明等。

第 9 章　施工图设计实例

在第 6 章至第 8 章中已介绍了建筑施工图、结构施工图和设备施工图的形成、用途、线型和图例以及表达方式和尺寸标注等内容，本章将以施工图实例的方式，通过对三个富有时代特色的工程实例具体分析研讨，使读者进一步了解和熟悉建筑施工图所表达的内容及其表达方式。

9.1　项目名称：南充市高坪区政府办公楼

工程概况

层数：9 层

建筑面积：14376m²

建筑总高：39.3m

建筑等级：二级

使用年限：50 年

施工图设计说明主要说明了设计依据、工程概况以及组成建筑的主要分部（如墙身、楼地面、屋面、门窗等分部）的施工作法和注意事项（附图 9-1）。

该工程位于四川省南充市高坪区茅草坪村二社，呈单面南北向坡，地形高差近 10m。基地西边为松林大道，南向为行政中心广场，广场以南为东方大道，东向为明宇大道（附图 9-2）。根据建筑基地的形状和已形成的松林大道和明宇大道及东方大道，将建筑放在三角地形的底边端，使建筑背靠坡地，面临广场，居高临下，增加了建筑的气势，而将建筑朝向置于南北向，坐北朝南，中轴线面对远处小山的缺口，暗喻了建筑的庄严、稳定。由于基地高差近 10m，为了充分利用地形，将建筑放在半坡上，这样即增加了建筑的气势，又减少了建筑的挖填方量，从而也相应地降低了建筑的造价。而且还保留了部分山体以体现山水园林城市的地貌。

从平面设计来看，首先是利用底层大台阶下的空间将设备用房和车库置于半地下室的负一层，使下部空间得到充分利用（附图 9-3）。由于该建筑是政府办公楼，因此将平面和立面都设为对称形式，以保证建筑的庄严、稳重感，底层平面通过前面的大台阶和两边的车行道将人流引入室内门厅，14400mm 的面宽和 9000mm 的进深形成近 130m² 的宽敞门厅，门厅的后方正对入口处设一 9000mm×4500mm 的照壁，上写毛泽东题写的"为人民服务"几个大字，显示了为人民群众服务的性质，体现了建筑的主题。贯空二楼的门厅共享空间，使人不会感到门厅的压抑，而增加人和建筑的亲切感。水平交通采用内走道将各个办公室连在一起，垂直交通则通过中部的两部电梯和一部楼梯以及两端的两个楼梯间连接各层，从而满足消防、疏散要求（附图 9-4、附图 9-5）。为了满足政府办公的功能需求，各层都设有面积大小不等的办公室和会议室，以供不同的职能部门选用。二层平面利用建筑后面的坡地设有一大会议室与主体建筑在结构上脱开，既降低了造价，又方便了建筑的功能分配。三楼以上，在建筑的两端设有套间式首长办公室，以满足首长办公的需要（附图9-6～附图9-8）。六楼以上，在建筑的两端增设了大开间办公室，以满足集体办公的需要（附图9-9、附图9-10）。电梯设备房等设在屋顶（附图9-11）。

立面设计采用现代建筑的构图手段，充分利用线条使对称的建筑型体体现出庄严稳重又不失简洁、大方的形象。正立面正中实墙面上的国徽标志与门厅前的雨篷、牌坊相得益彰，更加突出了政府建筑的庄严感（附图9-12～附图9-14）。

在剖面设计中，地形的利用得到充分展示。首先是利用底层大台阶下的空间将设备用房和车库置于半地下室的负一层，使下部空间得到充分应用。二楼后面的会议室前部的下方，作为建筑的次要出入口与绕建筑的环道相连，使交通流线变得通达，并且满足了消防的要求。会议室屋顶作为绿化与后山连为整体，使建筑融于自然环境中，又为三楼以上的工作人员提供了休息平台，体现了建筑以人为本的设计理念（附图9-15）。由于基地高差近10m，为了充分利用地形，将建筑放在半坡上，这样既增加了建筑的气势，又减少了建筑的挖填方量，从而也相应降低了建筑的造价，而且还保留了部分山体以体现山水园林城市的地貌。

从新建政府办公楼的楼梯平面详图和剖面详图（附图9-16、附图9-17）中可看出，楼梯间的开间尺寸为3000mm，进深尺寸为7500mm以及每层的梯段级数。

9.2　项目名称：习水县煤炭矿山安全生产救援培训综合用房

工程概况

层数：6层

建筑面积：3132m²

建筑总高：29.25m

建筑等级：二级

使用年限：50年

施工图设计说明主要说明了设计依据、工程概况以及组成建筑的主要分部（如墙身、楼地面、屋面、门窗等分部）的施工作法和注意事项（附图9-18）。

该工程位于贵州省习水县县城，整个基地平面很规则，北边是规划的城市次干道，西边是规划的城市主干道，东边和南边是其他单位建筑用地。新建的习水县煤炭矿山安全生产救援培训综合用房位于整个基地的中部，其建筑的定位由于没有具体的测量坐标资料，故采用间距定位。南边Ｆ轴线距建筑红线12.00m；西边⑧轴线距建筑红线4.00m；东边①轴线距建筑红线1.00m（由于比例太小，故没有标出）；其朝向可根据指北针判断为坐南朝北，新建综合用房共6层，总长39.00m，总宽21.00m，其北边是入口广场，南边是室外停车场及绿化用地。新建综合用房的室内整平标高为路沿标高加0.45m，室外整平标高为路沿标高（附图9-19）。

从底层平面图（附图9-20）中可以看出该综合用房平面为矩形，局部房间为异形房间；其总长39000mm，总宽为21000mm。综合用房的入口设在建筑的北端通过⑧轴线的斜墙上。通过入口处外上三级圆弧形台阶进入门厅。门厅的左边为主要楼梯间和电梯间；穿过楼梯与电梯之间的走道进入多媒体教室；门厅的右边有一值班室和会议室，走道的尽端为卫生间和多功能大厅以及疏散楼梯间；该综合用房的底层室内地坪标高为±0.000，室外地坪标高为-0.450，即室内外高差为450mm。剖面图的剖切位置在②～③轴线之间。从二层平面图（附图9-21）中可以看出门厅上空为一共享空间，从二楼的圆弧形迴廊可以看到一层门厅内的情况。①～③轴线之间布置有两间带有卫生间和休息室的教员办公室，还有一间培训教室。⑤～⑧轴线之间布置有一间会议室和一间培训教室以及一间小办公室；楼梯间、卫生间大小及位置与底层平面图一致。门厅上空的室外以及⑦轴线右边的室外各设有造型不同的雨篷，为底层入口处遮挡雨水，又丰富了立面造型。三层平面图（附图 9-22）除在③～⑤轴线之间设为培训教室和办公室外，其他的平面布置与二层平面图一致。四层平面图（附图9-23）在⑥～⑦轴线位置是三层平面图中培训教室的屋顶，并通过⑥～⑦轴线间北向的斜墙上的门洞和室内相连接，其他的平面布置与三层平面图一致。五层平面图（附图 9-24）除在①～②轴线之间的培训教室由四边形在①轴线处改为矩形外，其他的平面布置与四层平面图一致。六层平面图（附图 9-25）的平面布置与五层平面图一致。屋顶层平面图（附图 9-26）只在②～③轴线之间有出屋顶的楼梯间和电梯机房，其余都为屋面。从以上各层平面图中还可以看出各种墙、柱、门、窗的位置、大小和数量。

　　屋顶的装饰构架平面图和卫生间详图（附图 9-27）此处不再分析。

　　从新建综合用房的立面图（附图 9-28、附图 9-29）中可看出，该综合用房共 6 层，建筑总高为 29250mm。整个立面明快、大方，斜墙上的玻璃幕墙和屋面上的装饰架以及立面上的装饰线条和雨篷使整个建筑立面充满现代建筑的气息。立面装修中，主要墙体用银白色面砖以及白色铝塑百页使整个建筑色彩协调、明快，更加生动。整个建筑一层层高为 4200mm，二层以上层高均为 3600mm，室内外高差为 450mm。通过三级台阶进入室内。

　　从新建综合用房的剖面图（附图 9-30）中也可看出此建筑物共 6 层，整个建筑一层层高为 4200mm，二层以上层高均为 3600mm，楼梯间出屋面部分的层高也为 3600mm，室内外高差为 450mm，建筑总高至墙顶为 28800mm，从左边的外部尺寸还可以看出，各层窗台至楼地面高度为 1000mm，窗洞口高 2100mm。附图 9-30 中还表达了从底楼上到屋顶的楼梯及屋顶的形式。由于本剖面图比例为 1∶100，故构件断面除钢筋混凝土梁、板涂黑表示外，墙及其他构件不再加画材料图例。

　　从新建综合用房的楼梯平面详图（附图 9-31、附图 9-32）中可以知道，两个楼梯间的底层平面图中都只有一个被剖到的梯段。二层平面图中的踏面，上下两梯段都完整画成。上行梯段中间画有一与踢面线成 30°的折断线。折断线两侧的上下指引线箭头是相对的，在箭尾处分别写有"上 24 级"和"下 28 级"，是指从二层上到三层的踏步级数为 24 级，而从二层下到一层的踏步级数为 28 级。这说明一层与二层的层高是不一样的。标准层平面图中的踏面，上下两梯段等的表达方式也和二层平面图相似，只不过是梯段的级数不同。在箭尾处分别写有"上 24 级"和"下 24 级"，是指从三层上到以上各层直到屋顶层的踏步级数与从三层下到二层的踏步级数均为 24 级。说明二层以上各层的层高是一致的。顶层平面图的踏面是完整的。只有下行，故梯段上没有折断线。楼面临空的一侧装有水平栏杆。

9.3　项目名称：荣昌县静苑小区联建楼丙栋

　　工程概况

　　层数：6 层

　　建筑面积：4860.3m²

　　建筑总高：24.00m

　　建筑等级：二级

　　使用年限：50 年

　　施工图设计说明主要说明了设计依据、工程概况以及组成建筑的主要分部（如墙身、楼地面、屋面、门窗等分部）的施工工作法和注意事项（附图 9-33）。

该工程位于重庆市荣昌县昌元镇宝城寺村三社。整个基地呈 L 形，北边和东边是规划的城市干道，西边是规划的小区道路，南边是其他单位建筑用地。新建的荣昌县静苑小区联建楼丙栋位于整个基地的西边 L 形地块的端部，其建筑的定位也是由于没有具体的测量坐标资料而采用的间距定位。丙栋西南边的Ⓐ轴线与建筑红线重合；西北边的①轴线距乙栋 5.00m；其朝向可根据指北针判断为北偏东约 60°，新建联建楼丙栋共 6 屋，总长 25.14m，总宽 16.74m，室内整平标高 321.00m，室外整平标高为 319.20m（附图 9-34）。

　　从新建静苑小区联建楼丙栋的 1 层、4 层下层平面图（附图 9-35）可以看出，由于本建筑是错层式住宅楼，所以，1 层、4 层下层平面图同时表示了 1 层和 4 层两层的平面布置情况。该联建楼丙栋的平面形式为矩形，其总长 25140mm，总宽为 16740mm。联建楼丙栋的入口设在建筑东北端的⑦～⑨轴线之间。通过入口处外的两级台阶进入楼梯间。这是一梯三户的平面布局。入户门的宽度都为 1000mm 宽，左边一户入户门的右边是一公共卫生间，供客厅及餐厅和厨房使用；客厅和餐厅的采光都非常好，客厅和餐厅外共用一个花园阳台；从客厅的户内楼梯间下到标高为 −1.500 处有两间卧室和一个卫生间；从客厅的户内楼梯间上到标高为 1.500 处也有两间卧室和一个卫生间，但此卫生间只供主卧室使用（附图 9-36），所以这种户型称为"错中错"户型。右边一户的户型除了花园阳台因地形原因处理成三角形外，其他平面布置与左边一户相对称一致。中间一户入户门的左边也是一公共卫生间，供客厅及餐厅和厨房使用；入户门的右边是厨房；从客厅的户内楼梯间下到标高为 −1.500 处有两间卧室和一个卫生间；从客厅的户内楼梯间上到标高为 1.500 处也有两间卧室和一个卫生间，此卫生间也是只供主卧室使用（附图 9-36），Ⓐ轴线墙上的窗都为凸出外墙面的阳光窗，以争取更多的采光和通风。从联建楼丙栋的 2 层、5 层下层平面图（附图 9-37）同时表示 2 层和 5 层两层的平面布置情况。可以看出它的平面布置与 1 层、4 层下层平面图一致，只有标高不同。联建楼丙栋的 2、5 层上层平面图（附图 9-38）与其他层平面图的最大不同是没有入户门，其他层平面图中的客厅、餐厅、厨房及公共卫生间的位置在这层平面图中作为卧室、主卧室和衣帽间与卫生间。其他平面布置与 1 层、4 层上层平面图基本一致，不再赘述。联建楼丙栋的屋顶层平面图（附图 9-39）。表达了屋顶的排水方向和坡度以及落水管的位置。屋顶的排水方向是用箭头表示的；其排水坡度为 2%；落水管的位置在⑦轴线、⑨轴线的左右两侧，Ⓕ～Ⓔ轴线之间的阳台上方的雨篷边沿。

　　从新建联建楼丙栋的立面图（附图 9-40～附图 9-42）中可看出，该建筑共 6 层，其总高 24000mm。整个立面明快、大方，凸出墙面上的阳台和阳光窗、局部的坡屋顶和屋面上的装饰架以及立面上的装饰架使整个建筑立面充满现代住宅建筑特有的气息。在立面装修中，主要墙体用黄灰色面砖和白色塑钢窗以及屋面上局部坡屋顶的灰色英红瓦使整个建筑色彩协调，更加生动。整个建筑各层层高都为 3000mm。

　　从联建楼丙栋的 1—1 剖面图和 2—2 剖面图示意图（附图 9-43）中也可看出此建筑物共 6 层，整个建筑各层层高都为 3000mm，室内外高差为 300mm。建筑总高至墙顶为 24000mm，从 1—1 剖面图左边的外部尺寸还可以看出，由于此墙上的窗为落地阳光窗，故各层窗台至楼地面高度为 300mm，窗洞口高 2400mm，从右边的外部尺寸还可以看出，为保证安全，楼梯间各层窗台至楼地面高度为 1150mm，窗洞口高 1500mm；楼梯间每个梯段 10 级，每层 20 级，每级跳步尺寸为踢面高 150mm，踏面宽 300mm。从 2—2 剖面示意图中也可看出各户内楼梯间的剖面示意，户内楼梯间的每个梯段 9 段，每层 18 级，每级踏步尺寸为踢面高 167mm，踏面宽 250mm。

　　从联建楼丙栋的窗、阳光窗的详图和厨房、卫生间详图（附图 9-44、附图 9-45）可看出窗、阳光窗的洞口尺寸及挑出外墙面的尺寸以及开启方式和材料、厨房、卫生间固定设备的布置位置和作法。

146

门窗统计表

类别	编号	洞口尺寸 宽度	高度	数量	材料	备注
门	M0924	900	2400	148	木门	
	M1524	1500	2400	9	木门	
	M1824	1800	2400	133	铝合金玻璃门	
	M6024	6000	2400	1	铝合金玻璃门	
	M3024	3000	2400	4	甲级防火门	
	FM1524	1500	2400	23	乙级防火门	
	FM1824	1800	2400	1	丙级防火门	
	FM0818	800	1800	16	丙级防火门	
	FM1218	1200	1800		丙级防火门	
窗	C1215	1200	1500	35	铝合金窗	
	C1315	1300	1500	18	铝合金窗	
	C1815	1800	1500	19	铝合金窗	
	C2415	2400	1500	80	铝合金窗	
	C3015	3000	1500	114	铝合金窗	
	C4530	4500	3000		铝合金窗	
	C1015	1000	1500	2	铝合金窗	
	C1515	1500	1500	7	铝合金窗	
	C3024	3000	2400	14	铝合金窗	
	C2424	2400	2400	2	铝合金窗	
	C1224	1200	2400	4	铝合金窗	

图纸目录

工程名称	南充市高坪区人民政府办公大楼		设计号	
	设计说明 门窗统计表 图纸目录		图别	建施
××××建筑设计研究院			图号	01
注册建筑师			日期	
审定				
工程负责	校对	设计		
工种负责		制图		

建筑施工图设计说明

一、设计依据
1. 根据甲方提供的设计任务书及红线图
2. 南充市高坪区建设委员会二零零零年二月二十六日文件高建工(2000)22号文:南充市高坪区政府会对南充市高坪区政府办公大楼方案设计的批复
3. 南充市高坪区建设委员会二零零零年二月二十九日文件高建工(2000)23号文:南充市高坪区政府会关于南充市高坪区政府办公大楼初步设计的批复
4. 国家及四川省的有关规范

二、工程性质、规模、层数
1. 本工程为南充市高坪区政府办公大楼,为二类高层建筑,耐火等级为一级
2. 本工程底商为九层,负一层为汽车库及设备用房,首层以上为办公用房,总建筑面积14376m²
3. 本工程建筑结构等级为二级,使用年限为50年以上,总高39.3m

三、基地现状
1. 建筑基地位于南充市茅坝坪村一片,呈单面南北向布置,地形高差近10m
2. 基地南西为城市主干道,南向为市民广场

四、标高
本工程设计标高±0.000,一层室地面定为±0.000,相当于地坪以米为单位,其他地坪尺寸均以米为单位。室外地坪楼平标高290.90,室外地坪楼平标高287.30

五、尺寸单位
平面图尺寸及标高尺寸均以米为单位,其他图纸尺寸均以毫米为单位

六、总平面设计
1. 建筑外墙与相邻道路道路平行,施工放样以建筑外墙道路道路红线距离为准,详见总平面图
2. 建筑临道路路室外台阶步作法详西南J802⊕

七、墙身
1. 墙柱:底层地面以下60墙身处设防潮层一道,20厚1:2水泥砂浆5%防水粉
2. 内墙装修:除公共办公用房的房间均刷白色乳胶漆
3. 卫生间内墙满贴150×300白色地砖至吊顶高度,黑色米克墙裙脚板
4. 楼梯间内墙刷白色乳胶漆
5. 楼梯间踏步作法详西南J302⊕
6. 外墙装修:外墙刷白色乳胶粉

八、地面、楼面
1. 负一层车库及设备用房作C混凝土垫层地面
2. 底层门厅楼面作花岗岩,其他房间楼面均刷米克斯米克地板砖,色彩设计方与建设方协商决定
3. 地面作法详西南J302⊕,楼面作法详西南J302⊕(防水剂)
4. 底层作20厚1:2水泥砂浆加3%水泥防水剂
5. 卫生间贴防滑地面砖,作法详西南J50⊕,以0.5%坡度数向地漏,各层卫生间厨房均作一布二涂防水层,低于楼面60
6. 楼梯间踏步水平台粘浅纹色防滑地砖

九、顶棚
楼梯间刷白色乳胶漆,其余部分由二次装修确定

十、屋面
1. 屋面防水等级为Ⅱ级,材料的选择详专篇屋面部构造参照国家建筑工程技术规范(GB 50207—94)的相关规定
2. 屋面作法:屋面上找20厚1:3水泥膨胀蛭珍珠,上找SBS改性沥青卷材柔性防水层,其上放砂浆找平,上找40厚C20细石混凝土,内配中@200双向钢筋,再铺架空隔热小板
防水层上用20厚1:3水泥砂浆找平,泛水口作法详西南J202⊕
细部做法选用详西南J202⊕,雨水口作法详西南J202⊕
3. 泛水口作法详西南J202⊕,出屋面透气管详西南J202⊕
4. 细部做法:分格缝作法详西南J202⊕
5. 屋面女儿墙构造在墙2700~3600设一道,具体位置数收据开间尺寸定,作法详西南J202⊕,压顶作法
详西南J202⊕

十一、门窗
1. 窗采用线缘色透明玻璃,黑色铝合金窗料,详西南铝加工厂生产的铝材
2. 房间门采用实木镶板门,卫生间门采用塑料门,其余门采用铝合金维拉门

十二、油漆
1. 木门采用棕黄色调和漆一底两度
2. 露明铁件刷红丹防锈漆道打底,再刷银色漆

十三、室外
1. 室外场地以1%坡度向四周,沿底层外围作柔性散水,详西南J802⊕
2. 室外散水宽800,作法详西南J802⊕,室外踏步作法详西南J802⊕

十四、施工注意事项
1. 图中预留洞门,圆洞作及安装等各项工程见相关工种,请各专业施工单位密切配合
2. 室外散水宽800,作法切实按照各项工程施工图数收缩备配合,按各工种施工图纸与配合
3. 请图纸切实按照各项工程施工图纸预制,预埋、遭处理
4. 楼梯顶层屋面作不详之处,请发现时与设计人员协商解决
5. 施工中如发现现图纸及本说明有不详之处,请发现时与设计人员协商解决

附图 9-1

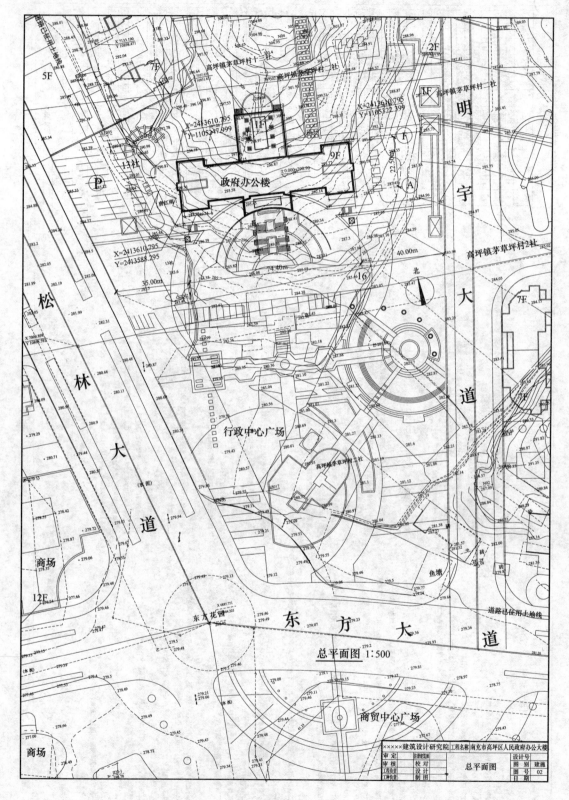

附图 9-2

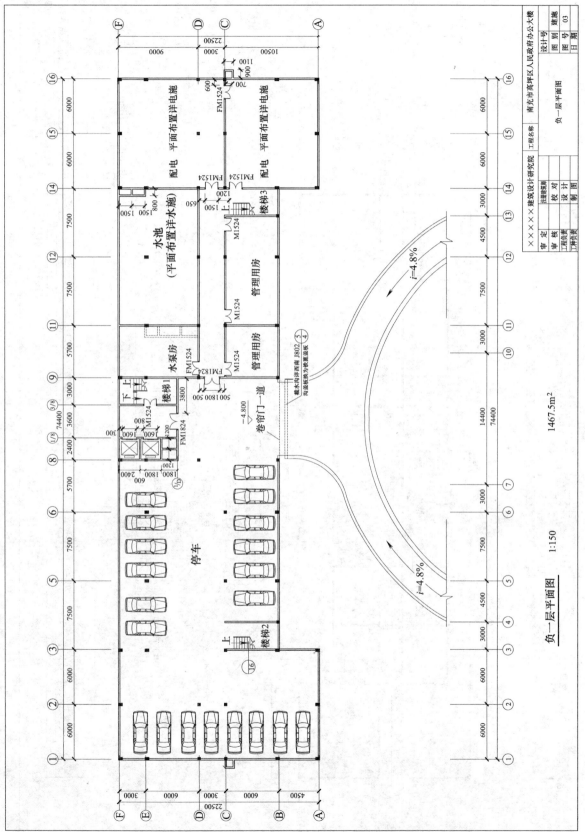

负一层平面图 1:150

1467.5m²

附图 9-3

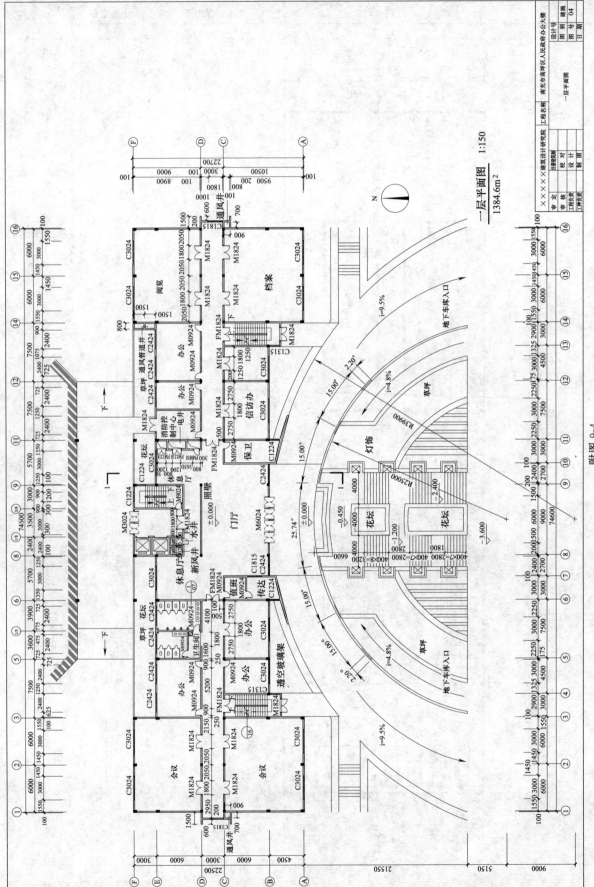

一层平面图 1:150

1384.6m²

附图 9-4

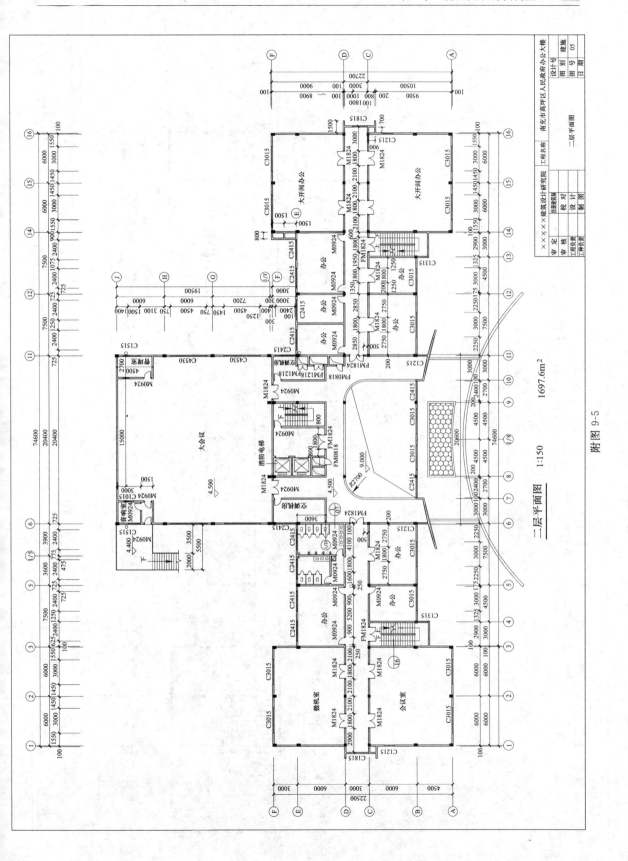

二层平面图 1:150

附图 9-5

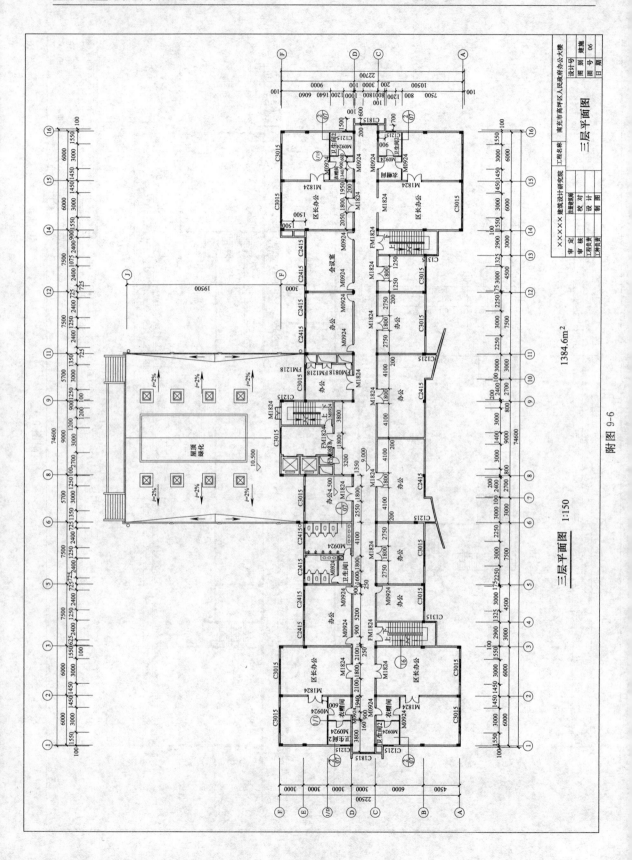

三层平面图 1:150

1384.6m²

附图 9-6

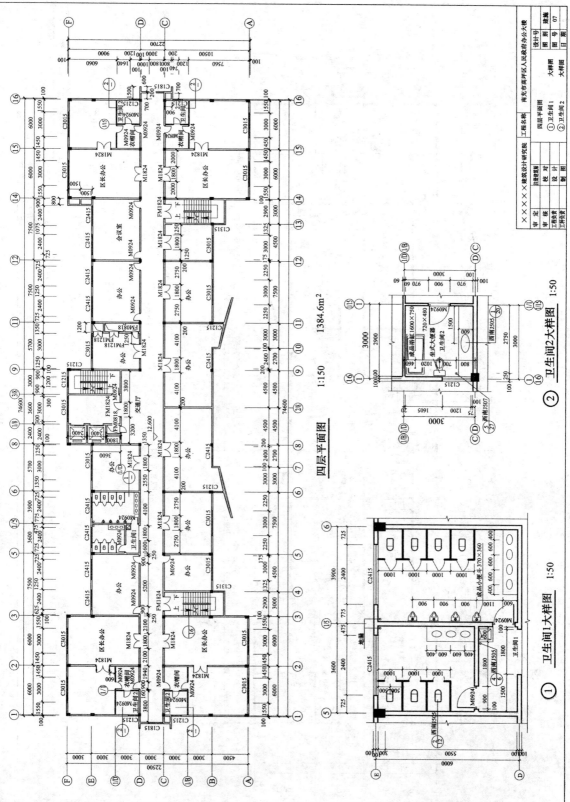

附图 9-7

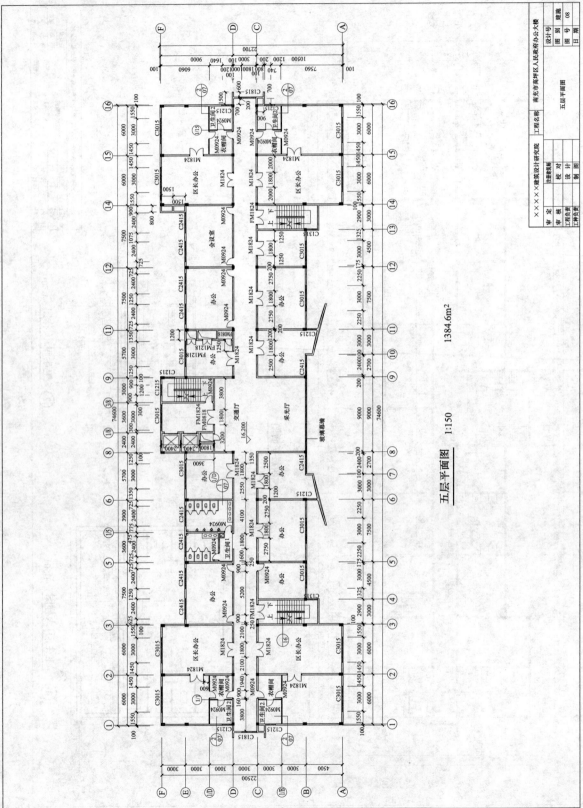

五层平面图

1:150

1384.6m²

附图 9-8

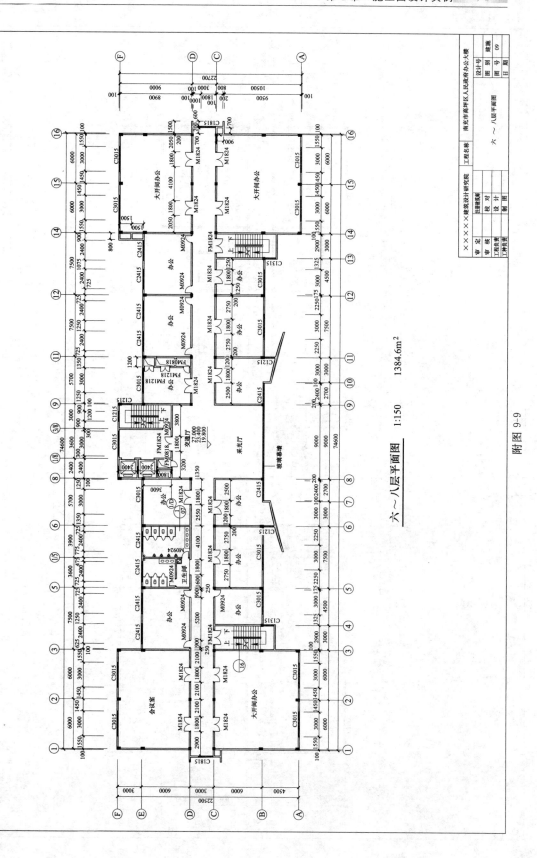

六～八层平面图　1:150　　1384.6m²

附图 9-9

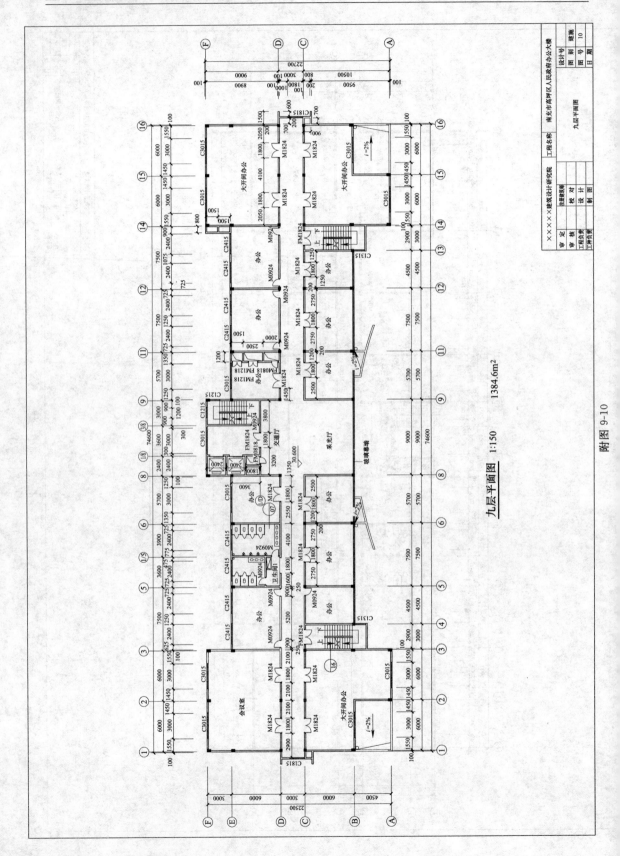

九层平面图 1:150   1384.6m²

附图 9-10

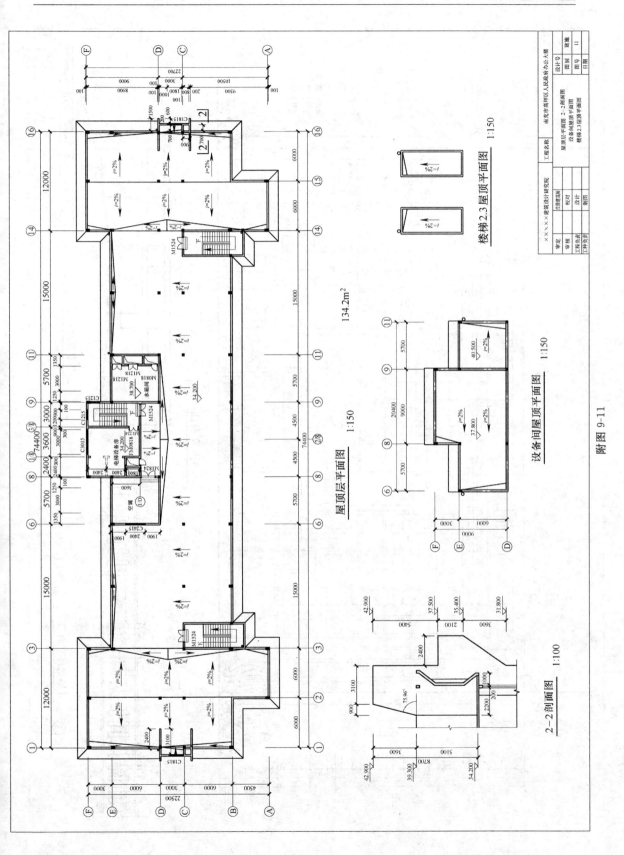

屋顶层平面图　1:150

楼梯2.3屋顶平面图　1:150

设备间屋顶平面图　1:150

2—2剖面图　1:100

附图 9-11

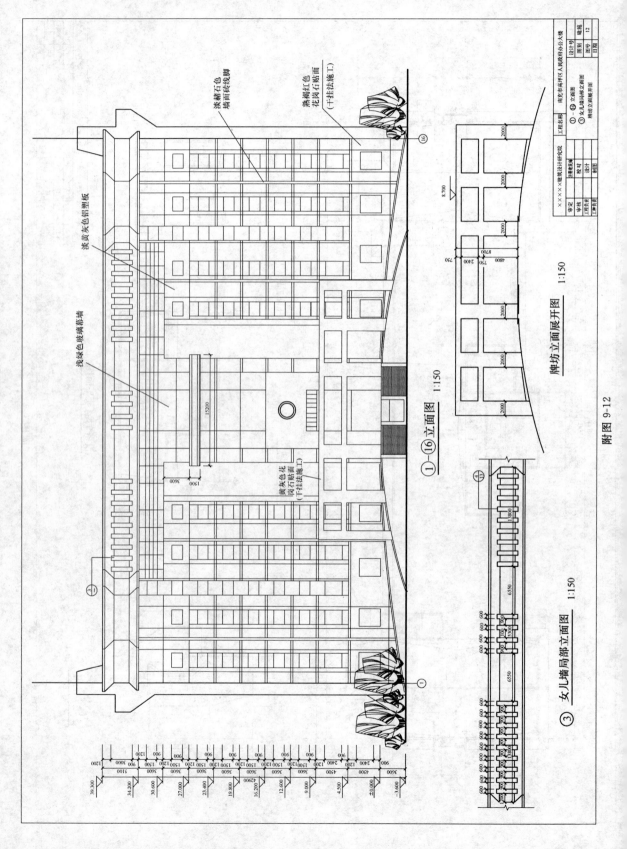

① - ⑯立面图 1:150

牌坊立面展开图 1:150

③ 女儿墙局部立面图 1:150

附图 9-12

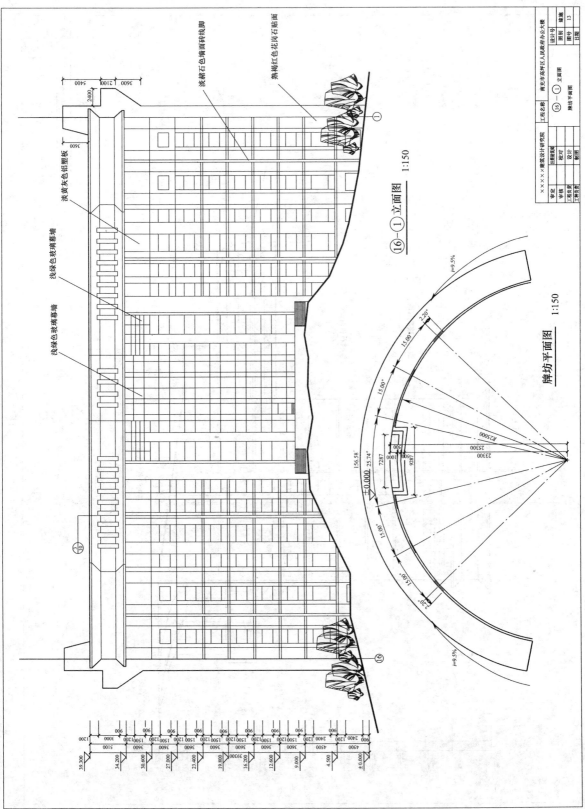

16-①立面图　1:150

牌坊平面图　1:150

附图 9-13

淡褐石色墙面砖线脚

熟褐红色花岗石贴面

淡黄灰色铝塑板

浅绿色玻璃幕墙

浅绿色玻璃幕墙

浅绿色玻璃幕墙

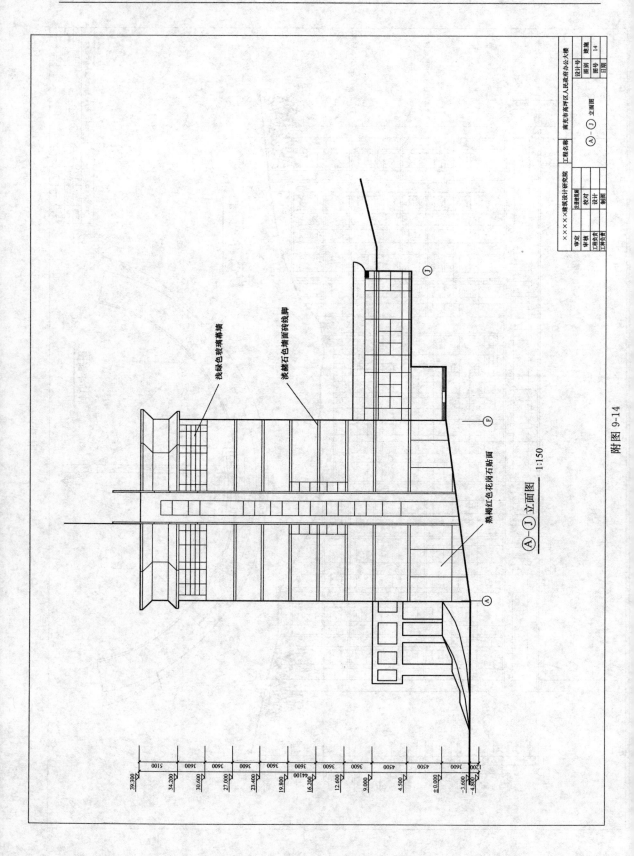

淡赭色色墙面砖线脚

浅绿色玻璃幕墙

燕褐红色花岗石贴面

A—J立面图 1:150

39.300	5100
34.200	3600
30.600	3600
27.000	3600
23.400	3600
19.800	3600
16.200	4100
12.600	3600
9.000	3600
4.500	4500
±0.000	4500
-3.600	3600
-4.800	1200

××××建筑设计研究院	工程名称	南充市高坪区人民政府办公大楼
审定	注册建筑师	
审核	校对	A—J立面图
工种负责	设计	图别 建施 图号 14
工种负责	制图	日期

附图 9-14

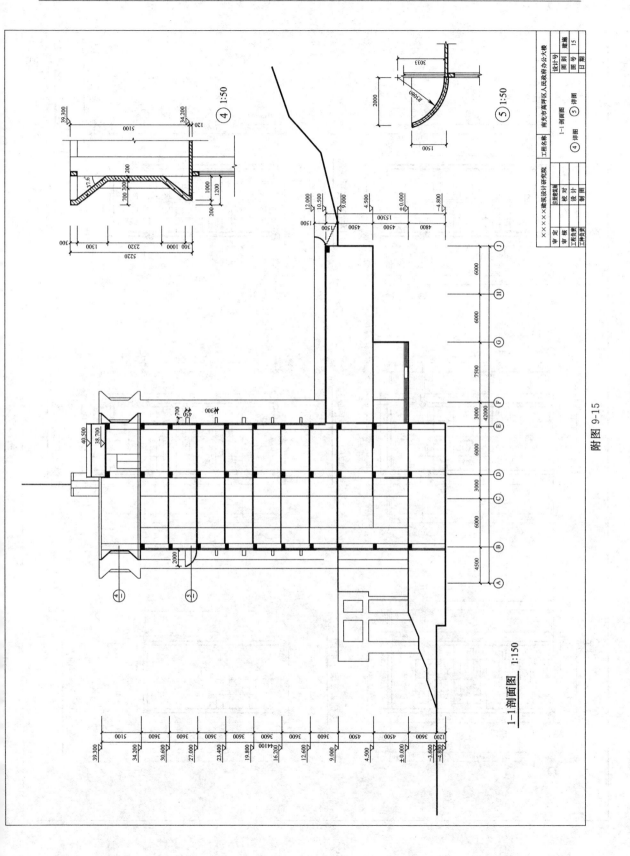

1-1 剖面图 1:150

附图 9-15

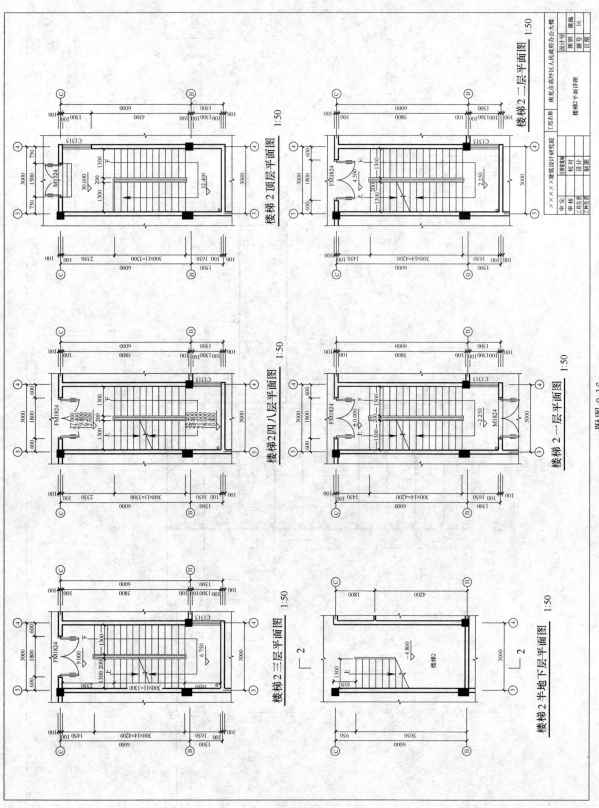

楼梯2顶层平面图 1:50

楼梯2一层平面图 1:50

楼梯2四八层平面图 1:50

楼梯2二层平面图 1:50

楼梯2三层平面图 1:50

楼梯2半地下层平面图 1:50

附图 9-16

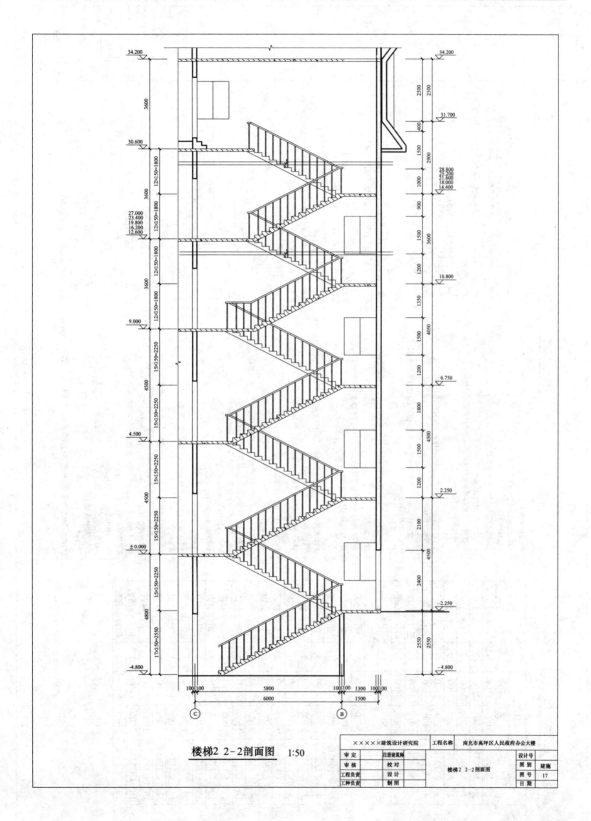

楼梯2 2-2剖面图　1:50

××××建筑设计研究院		工程名称	南充市高坪区人民政府办公大楼		
审　定	注册建筑师			设计号	
审　核	校　对		楼梯2 2-2剖面图	图　别	建施
工程负责	设　计			图　号	17
工种负责	制　图			日　期	

附图 9-17

163

门窗统计表

类别	编号	洞口尺寸 宽度	洞口尺寸 高度	数量	材料
门	1 M0721	700	2100	10	木门
	2 M0821	800	2100	12	木门
	3 M0921	900	2100	30	木门
	4 M1021	1000	2100	20	木门
	5 M1221	1200	2100	10	木门
	6 FM1421	1400	2100	5	乙级防火门
	7 M1521	1500	2100	36	铝合金白玻门
	8 M3034	3000	3400	5	铝合金白玻门
	9 M1534	1500	3400	1	铝合金白玻门
窗	1 C5421	5400	2100	5	铝合金窗
	2 C3021	3000	2100	19	铝合金窗
	3 C10021	10000	2100	4	铝合金窗
	4 C5221	5200	2100	5	铝合金窗
	5 C2121	2100	2100	10	铝合金窗
	6 C1221	1200	2100	5	铝合金窗
	7 C1821	1800	2100	5	铝合金窗
	8 C1621	1600	2100	5	铝合金窗
	9 C3121	3100	2100	1	铝合金窗
	10 C1624	1600	2400	2	铝合金窗
	11 C3024	3000	2400	1	铝合金窗
	12 C3124	3100	2400	1	铝合金窗
	13 C5224	5200	2400	1	铝合金窗
	14 C5424	5400	2400	1	铝合金窗
	15 C2124	2100	2400	1	铝合金窗
	16 C2524	2500	2400	1	铝合金窗
	17 C1824	1800	2400	1	铝合金窗
	18* GC3712	3700	1200	1	铝合金高窗
	19 GC1006	1000	600	10	铝合金高窗

建筑施工图设计说明

一、设计依据
1.建设工程设计合同201201号
2.城建规划部门对方案的审查意见
3.2003年12月习水县开发建设指挥部对方案的审查意见

二、工程概况
本工程为贵州省习水县煤炭矿综合用房，层数为6层，
总建筑面积3132m²。

三、定位
本工程位于习水，由于没有具体的坐标资料，总平面图只用红线相对位置进行定位。

四、标高
本工程设计标高±0.000，由当地设计方提供绝对标高，如果设计方提供资料不足。
一层地面定为相对标高±0.000，室外地坪标高为-0.450。

五、尺寸单位
本图尺寸及标高以米为单位，其他图纸尺寸均以毫米为单位。

六、总平面设计
1.建筑物外墙与相邻道路平行，施工放样以小区坐标点为准，详见总平面图
2.建筑临道路墙身均作处理，做法详西南J812⑥

七、墙身
1.墙身：底层地面以下60墙身处设现浇防潮层，做法：20厚水泥砂浆加5%防水粉
2.防潮层，墙作详西南J812⑩
3.内墙装修：按建筑设计方要求只作划装预算，楼梯间刷白色仿瓷涂料
4.外墙装修：详立面
5.外墙变形缝处理详西南J112⑩

八、地面、楼面
1.所有室内地面均只做划投平层，面层材料及颜色由二次装修定
2.地面作法详西南J312⑩，楼面作法详西南J312⑩
3.卫生间做20厚1:2水泥防水砂浆（加3%防水剂），以0.5%坡度坡向地漏，楼面作水泥砂浆面
4.楼梯间做法详西南J812⑩

九、顶棚
楼梯间刷白色仿瓷涂料，其余部分由一次装修定

十、屋面
1.屋面作法：屋面板上设膨胀珍珠岩找坡层，20厚1:3水泥砂浆找平
2.厚APP高聚物改性沥青防水层，上设40厚C20细石混凝土保护层配φ4@200双向钢筋
3.泛水做法详西南J212-1⑬，雨水口做法详西南J212-1⑫
4.屋面排水用DN100mmPVC管，出屋面通气管详西南J212-1⑭
5.屋面女儿墙构造详西南J212-1⑧
屋顶作法详西南J212-1⑬

十一、门窗
1.外村门窗为白色铝合金白玻门窗，内村门为木制夹板门选用西南J611(修订本)
2.设备用房门均为甲级防火门，向外开启
3.所有楼梯间门为乙级防火门，竖井门均为丙级防火门
4.办公室外门为防盗门，门窗的规格与数量详见门窗
表，施工单位应以厂家实样进行制作，窗洞口尺寸详下料表
洞口尺寸详门窗表，铝合金框料应为70系列，质量要求按国标
(铝合金门90系列，西南92SJ606,92SJ712)

十二、油漆
本图中所有涂红字条见
所有执手地弹簧见
所有蹲式大便器参见
所有坐式大便器参见
所有地漏参见

十三、油漆
1.木材面为油性乳白色调和漆，一底两度
2.露明铁件均用红丹防锈两遍打底，再刷银色漆

十四、室外
1.室外场地根据现场实际情况确定坡度，坡向周四
沿底层外围作排水沟，详西南J812⑬
2.室外散水坡600，作法注意事项

十五、施工注意事项
1.凡有预留洞、预埋件及安装管线安装设备等，请各专业施工单位密切配合，
按各工种图施工，预留、预埋
2.施工单位应按照有关施工工程细则及相应规范进行施工
3.施工中如发现图纸及本说明有不详之处，请及时与设计人员协商解决

图纸目录

图号	图纸内容	图幅
01	设计说明、门窗统计表 图纸目录	A1
02	总平面图 建筑 节能设计说明	A1
03	底层平面图	A1
04	三层平面图	A1
05	四层平面图	A1
06	五层平面图	A1
07	六层平面图	A1
08	屋顶层平面图	A1
09	屋顶平面图卫生间平面大样图	A1
10	①-⑧立面图	A1
11	⑧-①立面图	A1
12	Ⓐ-Ⓕ立面图	A1
13	1-①剖面图 ⑥-①剖面图	A1
14	楼梯间大样图	A1
15	楼梯间2平面大样图	A1

项目名称
工程名称
注册师
制图
校对
审核
审定
单体名称
图纸名称　设计说明、门窗统计表 图纸目录
图别　图号 01　日期
地址
电话
传真
××××建筑设计研究院

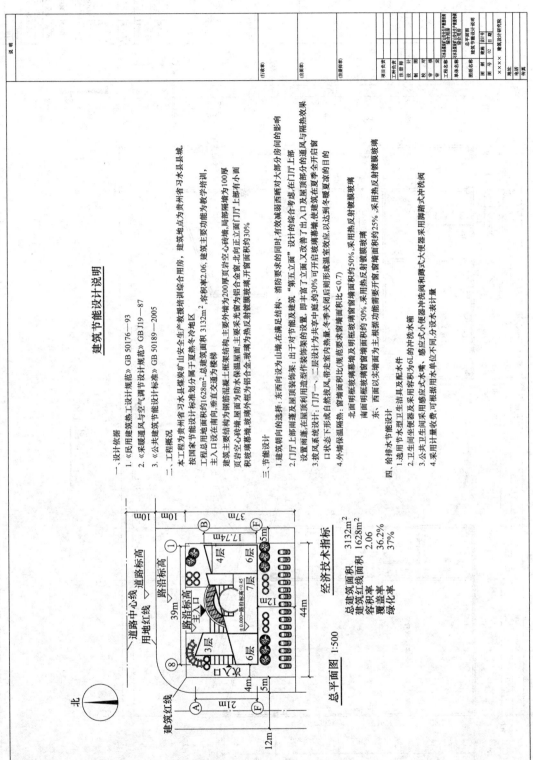

建筑节能设计说明

一、设计依据

1.《民用建筑热工设计规范》GB 50176—93
2.《采暖通风与空气调节设计规范》GB J19—87
3.《公共建筑节能设计标准》GB 50189—2005

二、工程概况

本工程为贵州省习水县煤矿矿山安全生产教援培训综合用房，建筑地点为贵州省习水县城。

按国家节能设计标准划分属于夏热冬冷地区

工程总用地面积约1628m²,总建筑面积 3132m²,容积率2.06,建筑主要功能为教学培训，主入口设在南向,垂直交通为楼梯

建筑主要结构为钢筋混凝土框架结构,主要外墙为200厚页岩空心砖墙,局部隔墙为100厚页岩空心砖墙。屋面为防水保温屋面,主要采光窗为铝合金窗,北向正立面门窗上部有小面积玻璃幕墙,玻璃幕墙外框为铝合金,玻璃为热反射镀膜玻璃,开窗面积约30%

三、节能设计

1.建筑朝向的选择。东西向设为山塘,在靖足结构,消防要求的同时,有效减弱东西晒对大部分房间的影响

2.门厅上部雨蓬及屋顶装饰效果:出于对节能及建筑"第五立面"设计的综合考虑,在门厅上部设置雨蓬,在屋顶利用造型作装饰效果,即丰富了立面又改善了出入口及屋顶部分的通风与散热效果

3.技风系统设计:门厅一、二层设计均为十字中庭,冬季关闭后则形成温室效应,以达到冬暖夏凉的目的

北向门框玻璃幕墙及明框玻璃窗中庭面积约50%,采用热反射镀膜玻璃

南面明框玻璃窗窗墙面积约50%,采用热反射镀膜玻璃

东、西面以实墙面为主,窗墙面积约25%,采用热反射镀膜玻璃

4.外墙保温隔热。窗墙面积比(视纵墙要求窗窗面积比<0.7)

四、给排水节能设计

1.选用节水型卫生洁具及配水件
2.卫生间坐便器采采用容积为6L的冲洗水箱
3.公共卫生间采用感应式水箱,感应式小便器冲洗阀和蹲式大便器采用脚踏式冲洗阀
4.采用计量收费,可根据用水单位不同,分设水表计量

总平面图 1:500

道路中心线
道路标高
路沿标高
用地红线
建筑红线
路沿标高
主入口
±0.000=路沿高+0.45
路沿标高
39m
44m
12m
5m
4m
5m
5m
10m
10m
17.74m
37m
21m
北
①
⑧
A
F
B
F
4层
6层
7层
3层
6层
12层
6层

经济技术指标

总建筑面积	3132m²
建筑红线面积	1628m²
容积率	2.06
覆盖率	36.2%
绿化率	37%

附图 9-19

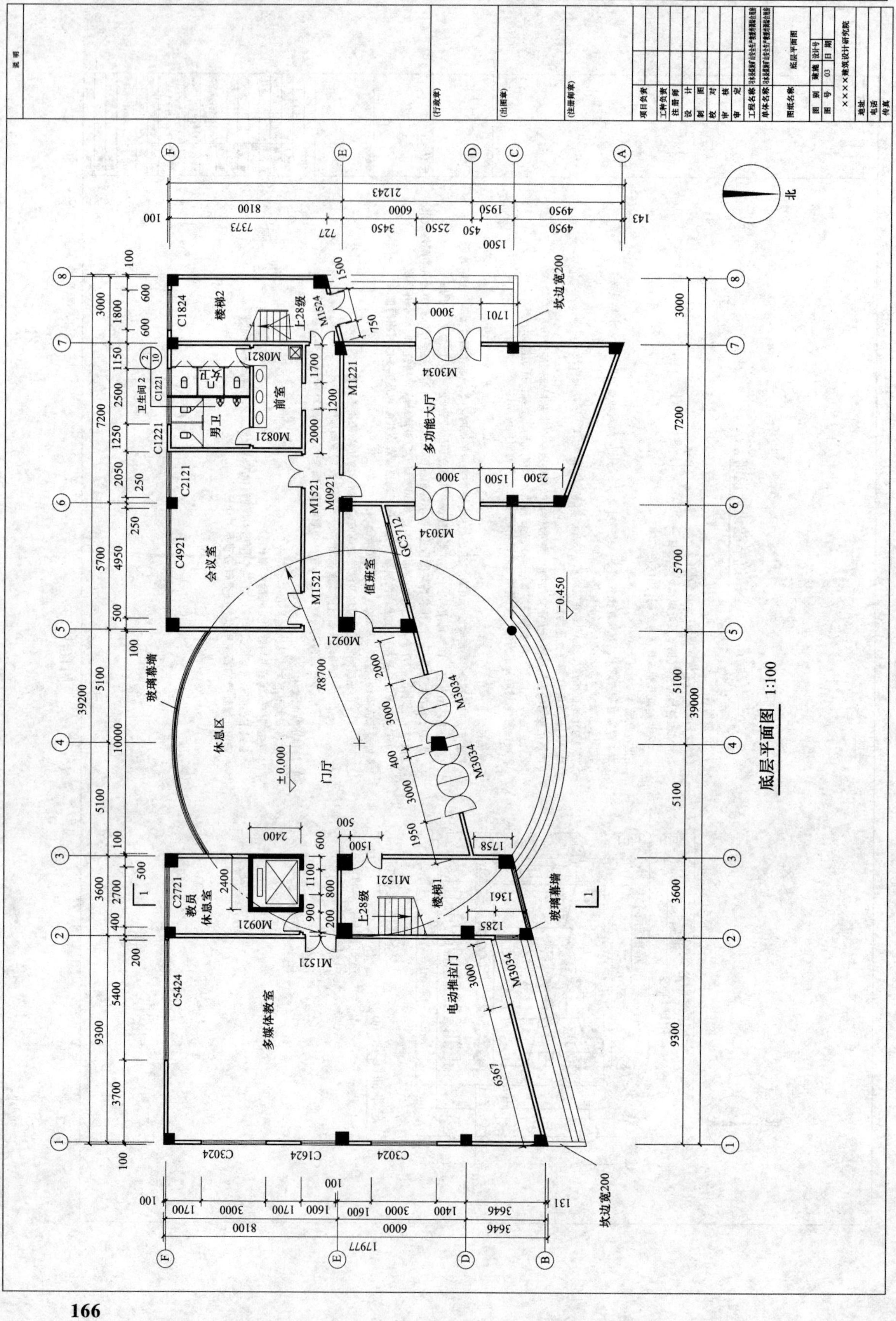

底层平面图 1:100

附图 9-20

多媒体教室

电动推拉门

玻璃幕墙

休息区

门厅

±0.000

值班室

多功能大厅

会议室

教员休息室

男卫

前室

卫生间2

楼梯1

楼梯2

玻璃幕墙

C5424

C2721

C3024

C1624

C3024

C4921

C2121

C1221

C1824

C1221

C1221

R8700

GC3712

M0921

M1521

M0921

M1521

M0921

M0921

M1221

M0921

M1524

M3034

M3034

M3034

M3034

M3034

M3034

−0.450

坡边宽200

1701

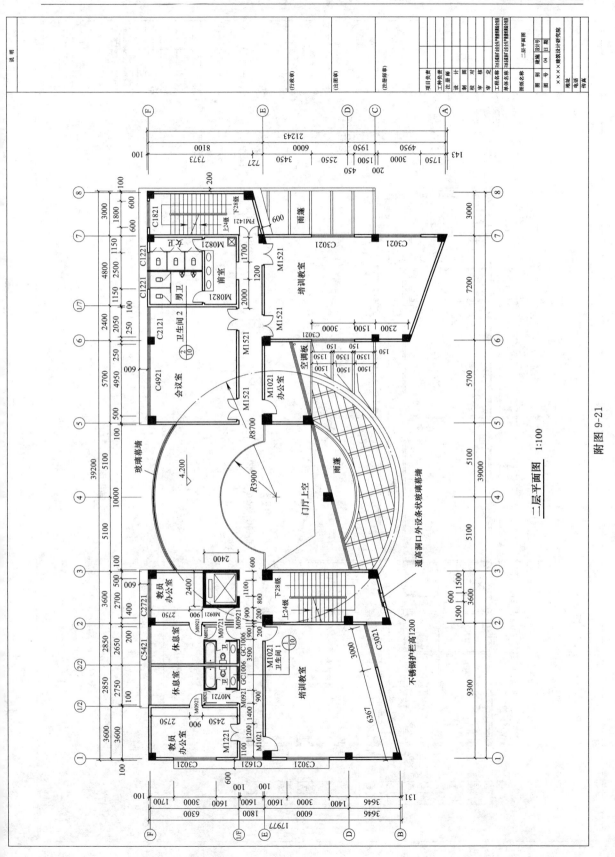

二层平面图 1:100

附图 9-21

167

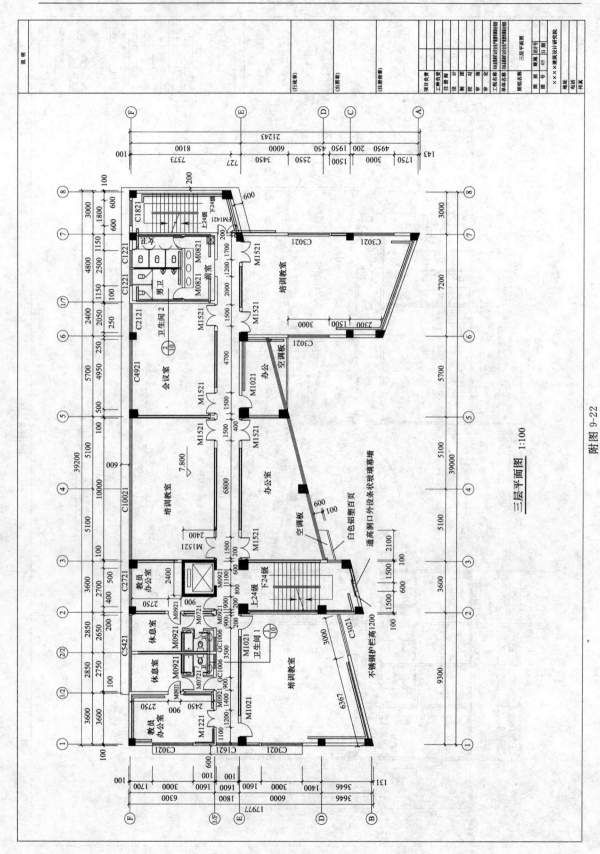

三层平面图 1:100

附图 9-22

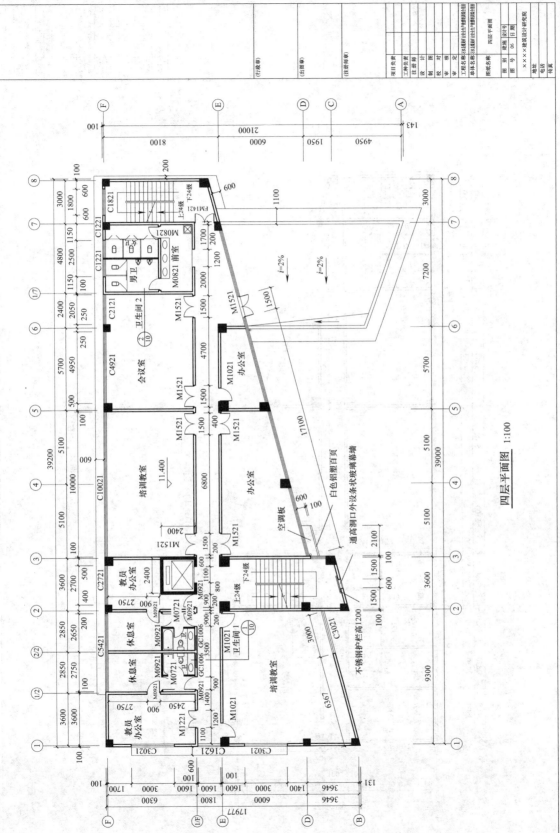

四层平面图 1:100

附图 9-23

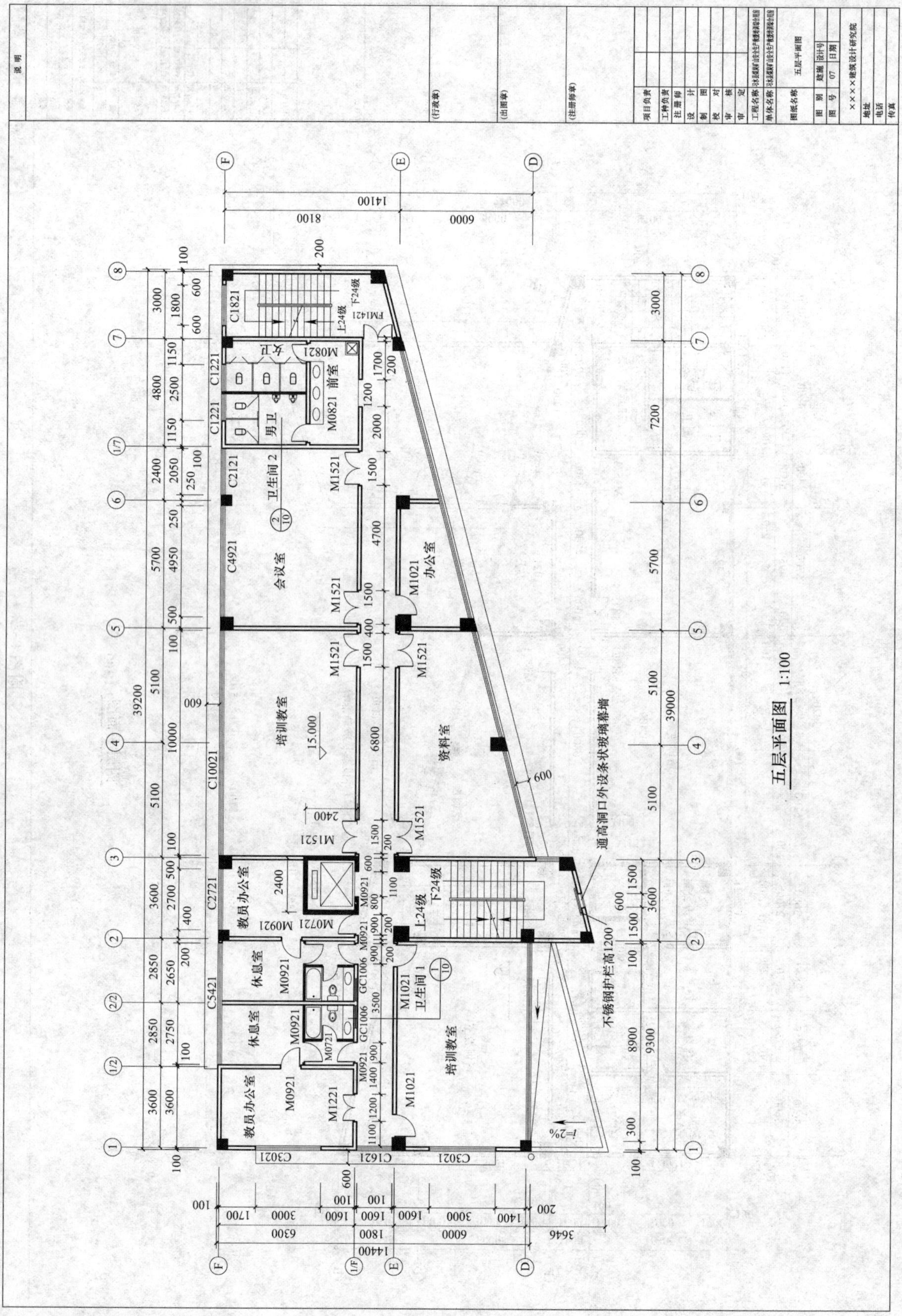
说明
(行政章)
(出图章)
(注册师章)
项目负责
工种负责
注册师
设计
制图
校对
审核
审定
工程名称
单体名称
图纸名称
五层平面图
图别
图号
日期
×××建筑设计研究院
地址
电话
传真
培训教室
15.000
会议室
办公室
资料室
教员办公室
休息室
卫生间 1
卫生间 2
男卫
女卫
前室
上24级
下24级
通高洞口外设条状玻璃幕墙
不锈钢护栏高1200
i=2%
五层平面图 1:100

附图 9-24

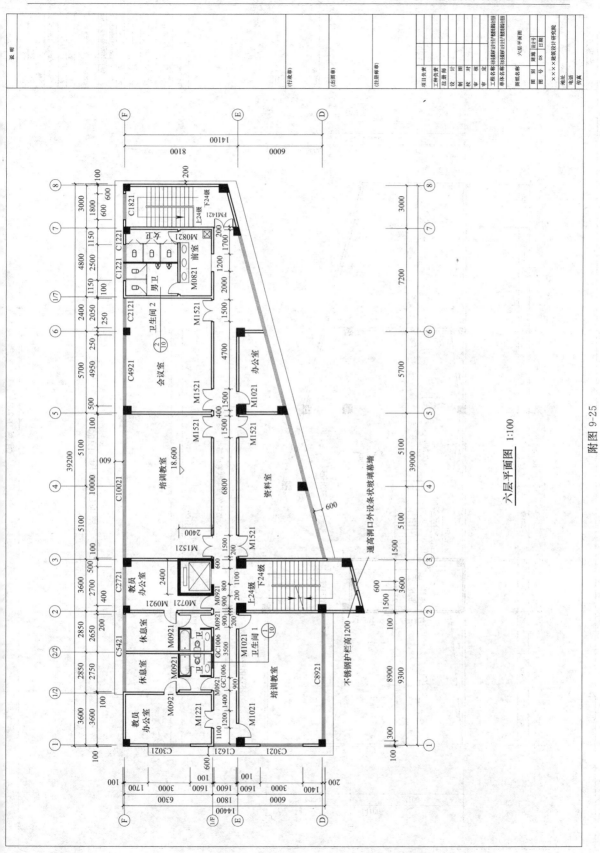

六层平面图 1:100

附图 9-25

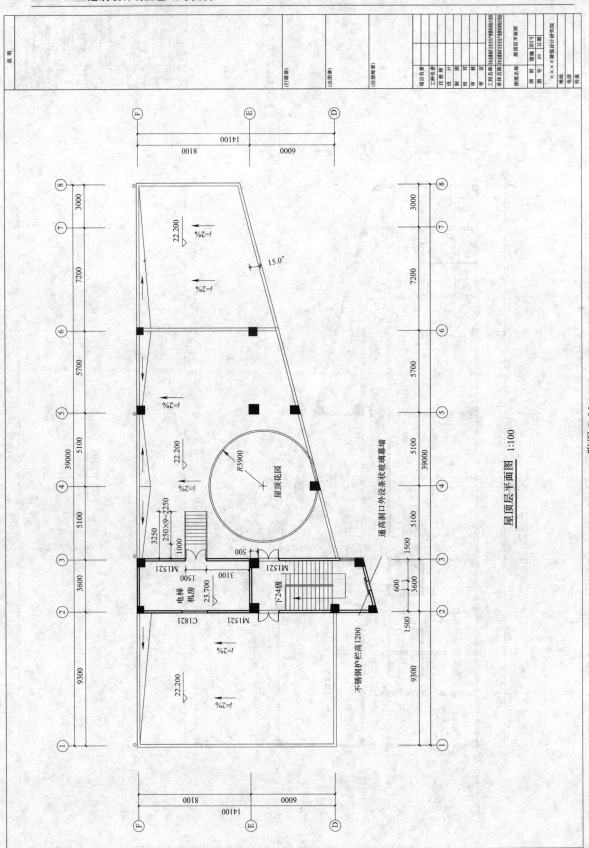

屋顶层平面图 1:100

附图 9-26

172

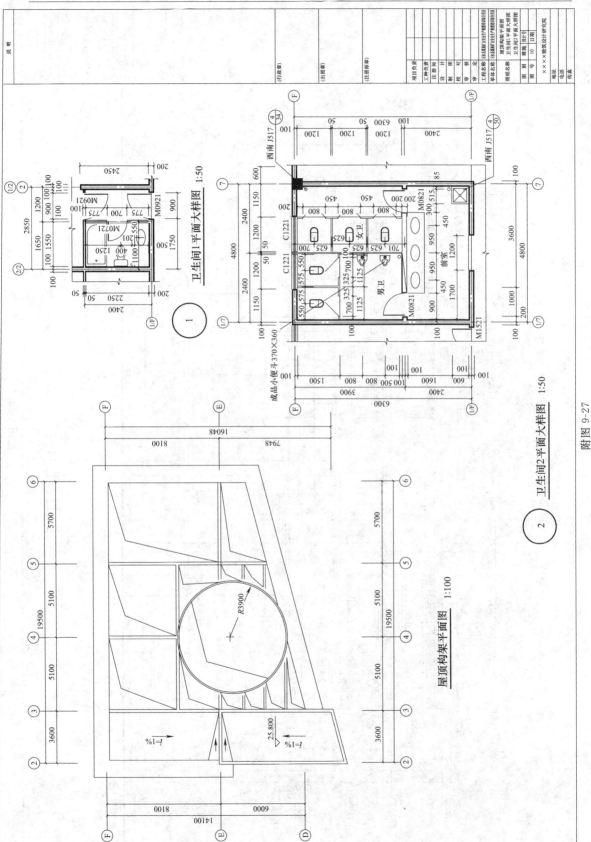

卫生间1平面大样图 1:50

① 1

卫生间2平面大样图 1:50

② 2

屋顶构架平面图 1:100

附图 9-27

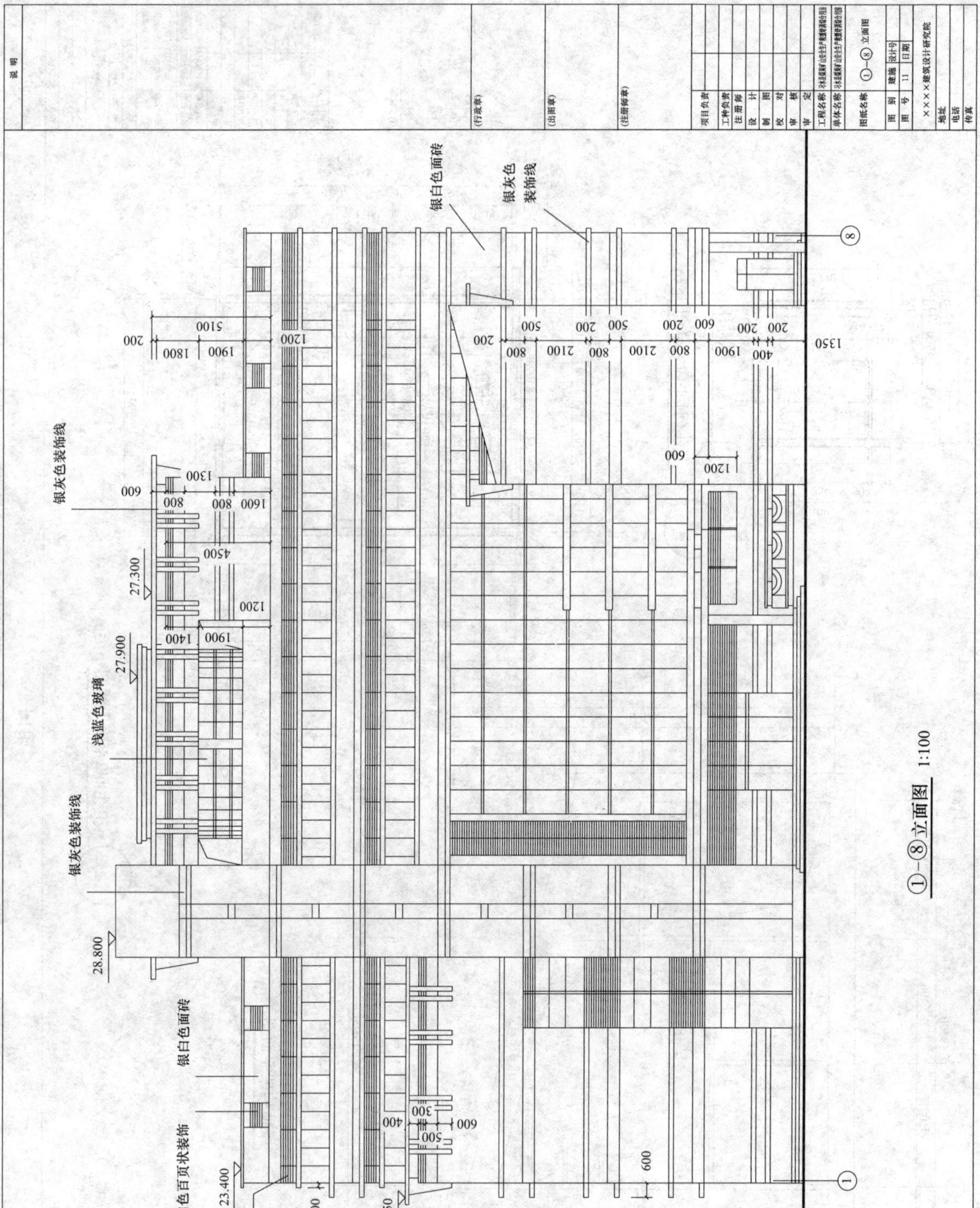

①—⑧立面图 1:100

附图 9-28

银白色面砖

银灰色装饰线

银灰色装饰线

浅蓝色玻璃

银灰色装饰线

银白色面砖

白色百页状装饰

白色铝塑百页

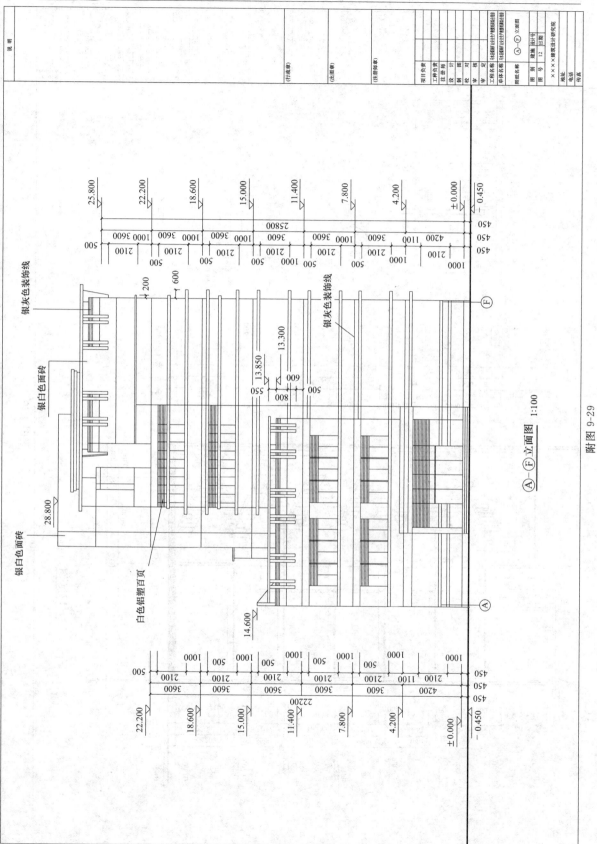

Ⓐ-Ⓕ立面图　1:100

附图 9-29

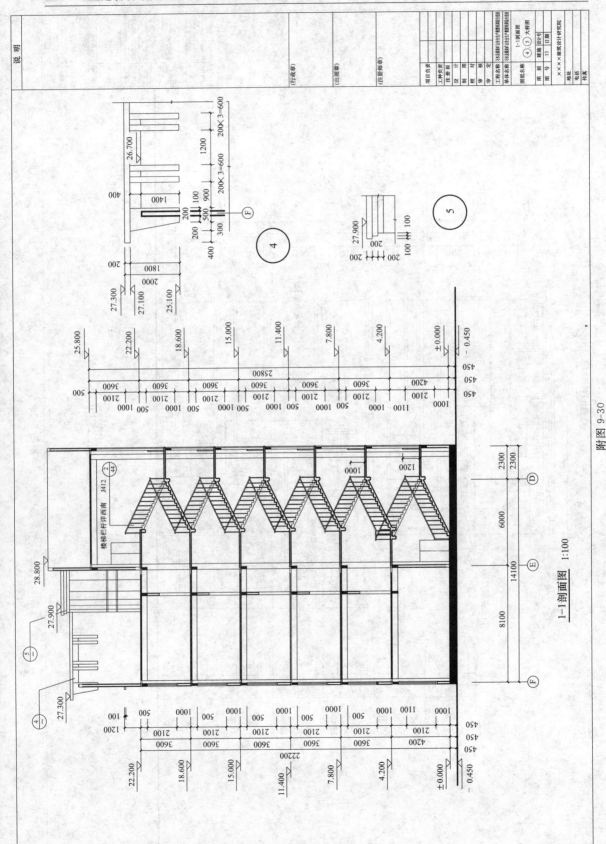

1-1剖面图 1:100

附图 9-30

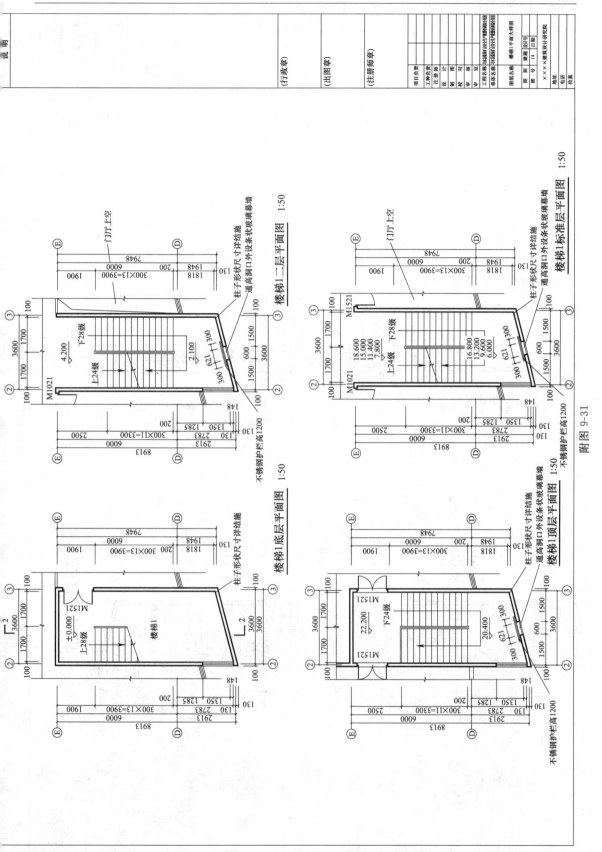

附图 9-31

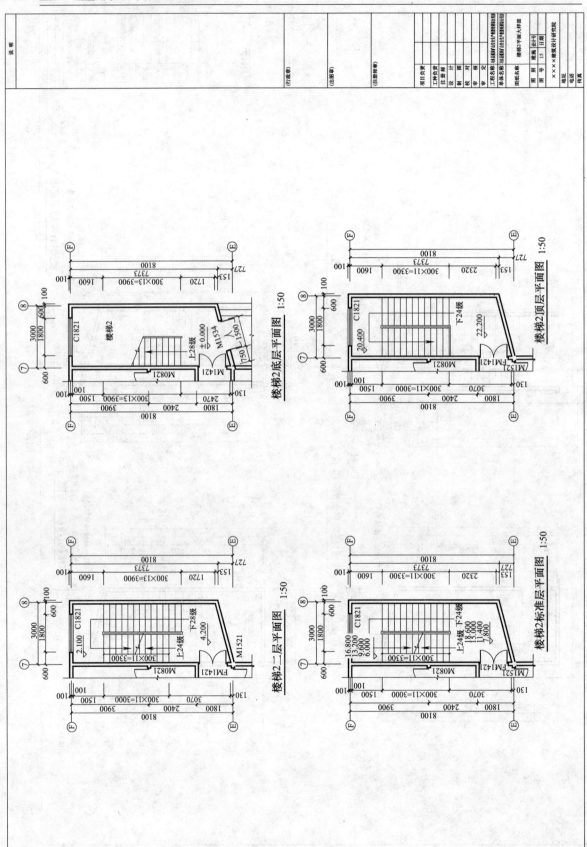

附图 9-32

图纸目录

门窗统计表

门窗名称	洞口尺寸	门窗数量	备注
C2415	2400×1500	14	铝合金窗
C1210	1200×1000	16	铝合金窗
C1515	1500×1500	18	铝合金窗
C1821	1800×2100	18	白色塑钢亮窗
C1521	1500×2100	2	白色塑钢亮窗
C3024	3000×2400	2	白色塑钢亮窗
C1010	1000×1000	2	铝合金窗
C2121	2100×2100	40	白色塑钢亮窗
M0720	700×2000	12	木制夹板门
M0820	800×2000	46	木制夹板门
M0920	900×2000	12	木制夹板门
M1020	1000×2000	2	白色塑钢门窗
M1021	1000×2100	2	白色塑钢门窗
MDC-1824	1800×2400	8	白色塑钢门窗
MDC-1324	1300×2400	4	铝合金推拉门
TLM-2724	2700×2400	4	铝合金推拉门
TLM-2124	2100×2400	2	铝合金推拉门

门窗数量按实际结算

工程名称	静苑小区联建楼(丙栋)		×××建筑设计研究院
	建筑设计总说明	审定	注册师
	图纸目录	审核	校对
	门窗统计表	工种负责	设计
		工程负责	制图
		图别 建施	图号 01 日期

建筑施工图设计说明

一、设计依据
1. 甲方拟订的工程任务书及有关的资料文件
2. 我国国家及省市颁布的现行建筑设计规范、规程及标准
3. 重庆市规划委审来复审区字[2002]33号文二-1
4. 重庆市规划委审来复审区字[2002]33号文二-1
5. 重庆市规划委审来复审区字[2002]33号文三-2
6. 本工程建筑专业部分所依据的国家部颁规范、规范
6.1 《建筑设计防火规范》(GB J16—87)
6.2 《城市居住区规划设计规范》(GB 50180—93)
6.3 《住宅设计规范》(GB 50069—99)

二、工程性质、规模、层数
1. 本工程为来县静苑宅小区联建楼丙栋住宅楼层数为6层
2. 建筑面积：4860.3m²
3. 本建筑合理使用年限为50年，屋面防水等级为二级

三、位置
本工程设计于来县具具有宝城村村三社

四、标高
本工程设计标高一层地面定为±0.000，相应绝对标高为321.00

五、尺寸单位
总平面图尺寸及标高以米为单位，其他图纸尺寸均以毫米为单位

六、总平面设计
1. 建筑外墙与相邻道路道平行，施工放线以小区水准坐标为准，详见总平面图
2. 建筑临道路室外踏步作法详西南05J812 Ⓐ

七、墙身
1. 墙体：底层地面以下60墙及以下均作防潮层一道，作法20厚水泥砂浆加5%防水粉
2. 砖砌墙风道通风道除内一，作法：20厚水泥砂浆详西南04J517 Ⓐ
3. 内墙装修：按建设方要求只作初装修，楼梯间均刷浆黄色涂料
4. 外墙装修：外墙均刷浅黄色仿瓷涂料
5. 外墙变形缝处理作法详西南04J112 Ⓐ

八、面层、楼面
1. 所有室内地面均只作找平层，面层材料及颜色由二次装修定
2. 地面作法详西南04J312 Ⓐ
3. 卫生间作法详西南04J312 Ⓐ 楼面作法详西南05J812 Ⓐ
4. 楼梯间踏步和平台均做水泥砂浆地面

九、屋棚

十、屋面
1. 屋面上有局部坡屋面及屋面为结构坡屋面层上贴挂瓦 具体作法参西南 03J201—2—11—2503

面层材料材料根据选材由甲方与设计方共同商确定 (可用水泥彩色夹红瓦)
挑檐沟作法详西南03J201—2 Ⓐ

其余车屋面作法：屋面板上这膨胀珍珠岩找坡层，20厚1:3水泥砂浆找平原APP高聚物改性沥青防水层，上设40厚C20细石混凝土内配Φ4@200双向钢筋

2. 泛水作法详西南03J201—1 Ⓐ，雨水口作法详西南 03J201—1 Ⓐ
DN100PVC出屋面透气管详西南 03J201—1 Ⓐ
风道出屋面详西南03J201—1 Ⓐ
3. 细石混凝土分格缝造作法详西南 03J201—1 Ⓐ，作法详西南 03J201—1 Ⓐ
4. 屋面混凝土女儿墙压不大于4m，作法详西南 03J201—1 Ⓐ
压顶作法详西南03J201—1 Ⓐ

十一、门窗
1. 客厅、卧室为白色塑钢窗钢窗厨房，卫生间为白色调合漆，门窗夹板门尺寸再行下料制作，详见门窗表，施工单位成
2. 分户门为防盗门(成品)，门窗的规格与数量详见门窗表，施工单位自理
厂家应事先核定规格、数量并结合土建施工实际洞口尺寸再行下料制作
(铝合金门为90系列，质量要求按国标92SJ606,92SJ712)
3. 客厅窗内侧作900高不锈钢护栏，用户自理

十二、洁具
本图中所有浴缸参见 西南04J517 Ⓐ
所有坐式手提式 西南 04J517 Ⓐ
所有蹲式大便器参见 西南 04J517 Ⓐ
所有坐式大便器参见 西南 04J517 Ⓐ

十三、油漆
1. 木材面为油性乳白色调合漆一底两度详西南05J312(3272/39)
2. 露明钢铁件均用红丹防锈漆两道打底，再刷银色漆

十四、室外
1. 室外场地根据现场实际情况作坡度1%，坡向四周，室外排水作法详西南05J812 Ⓐ
2. 室外散水宽600，作法详西南05J812 Ⓐ，室外踏步作法详西南05J812 Ⓐ

十五、施工注意事项
1. 凡有预留洞口、预埋件及安装督察线设备等，请各专业施工单位密切配合，按各工种施工图要求预留、预埋，避免遗漏
2. 施工单位应按现实图纸及本施工及验收规范进行施工
3. 施工中如发现图纸及本说明有不详之处，请及时与设计人员协商解决

附图 9-33

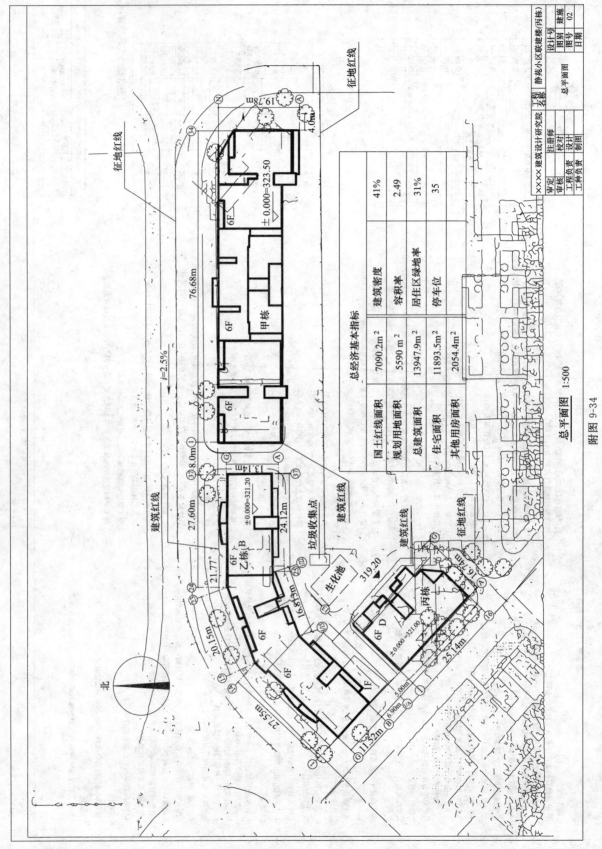

总平面图 1:500

附图 9-34

总经济基本指标			
国土红线面积	7090.2m²	建筑密度	41%
规划用地面积	5590 m²	容积率	2.49
总建筑面积	13947.9m²	居住区绿地率	31%
住宅面积	11893.5m²	停车位	35
其他用房面积	2054.4m²		

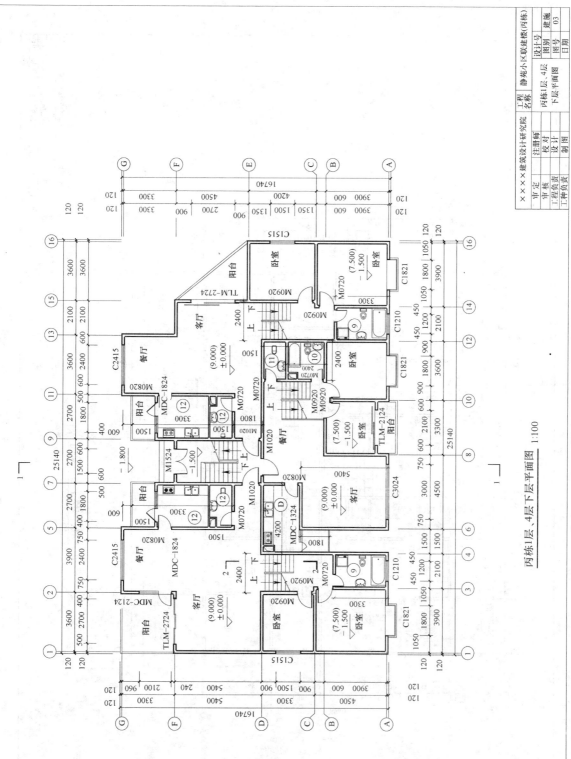

丙栋1层、4层下层平面图　1:100

附图 9-35

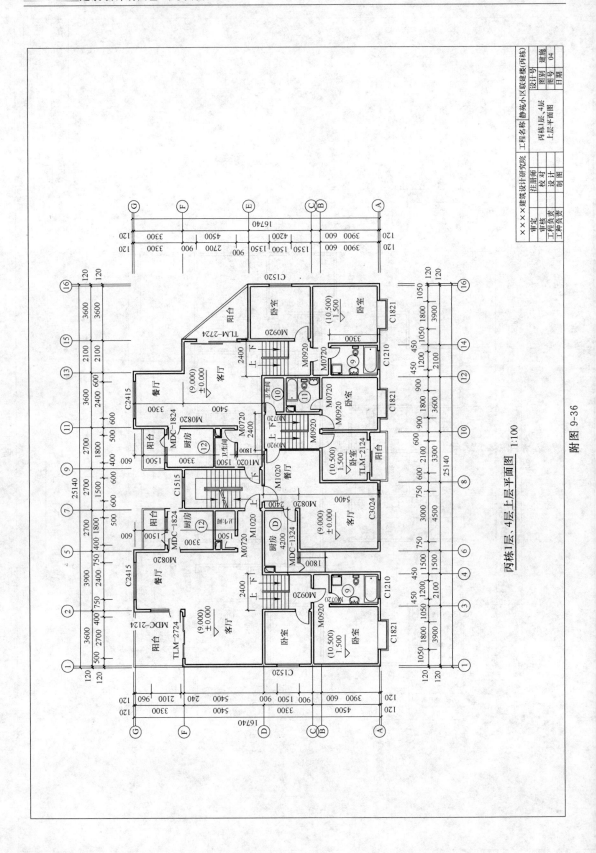

丙栋1层、4层上层平面图 1:100

附图 9-36

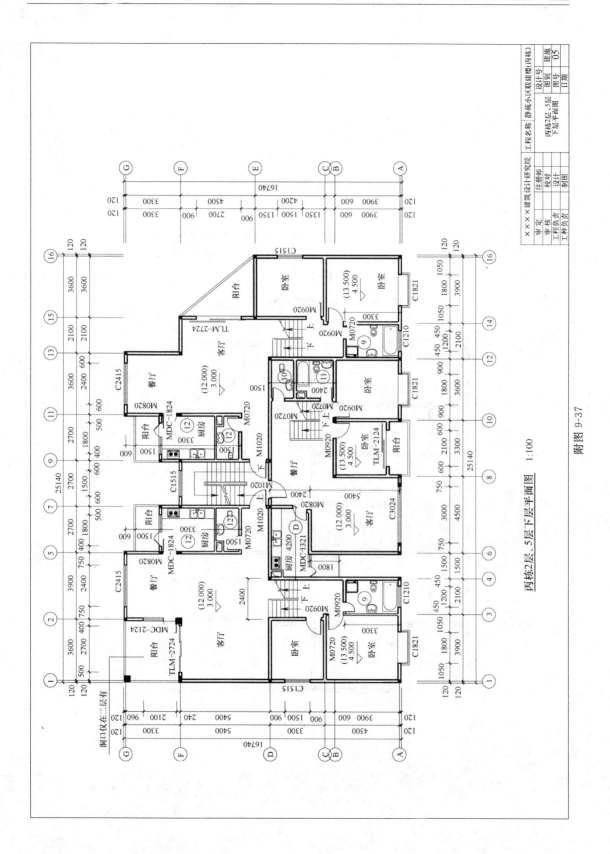

丙栋2层、5层下层平面图 1:100

附图 9-37

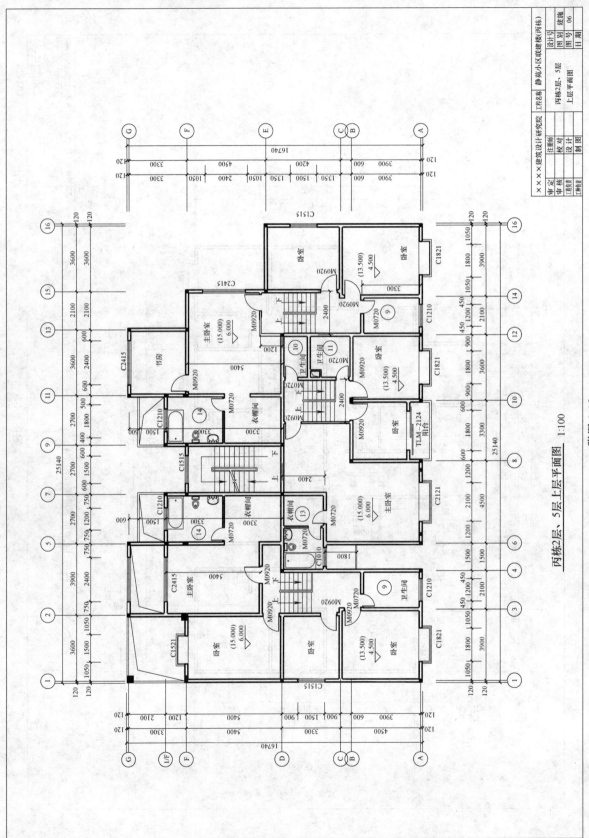

附图 9-38

丙栋2层、5层 上层平面图 1:100

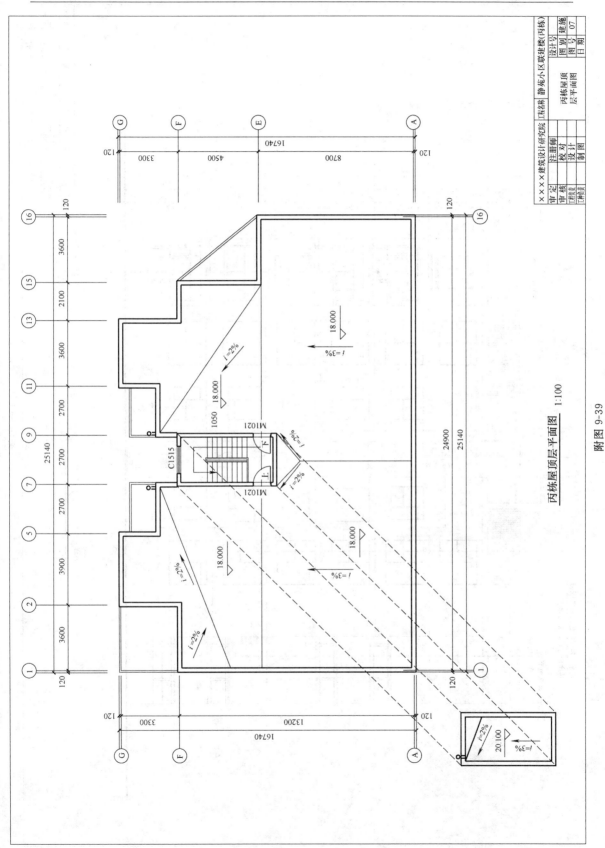

丙栋屋顶层平面图 1:100

附图 9-39

185

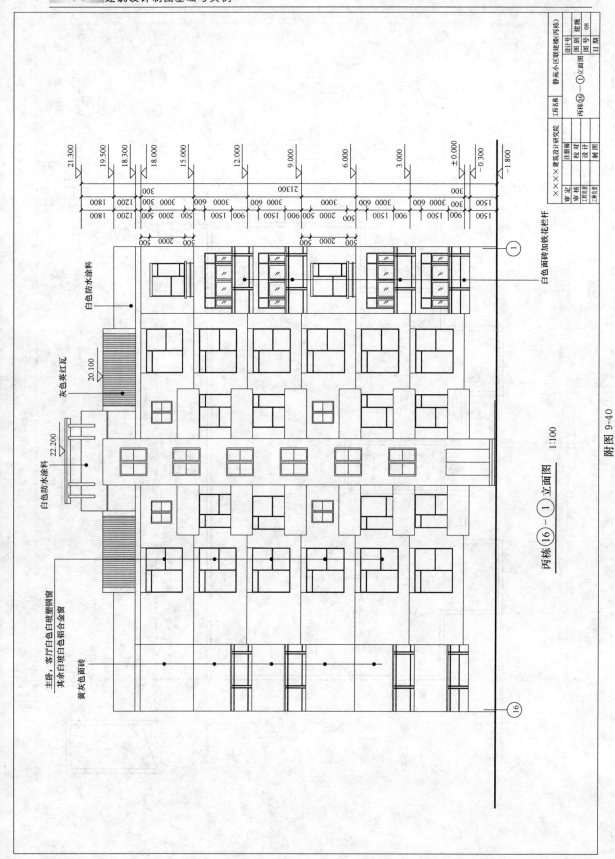

丙栋⑯－①立面图 1:100

附图 9-40

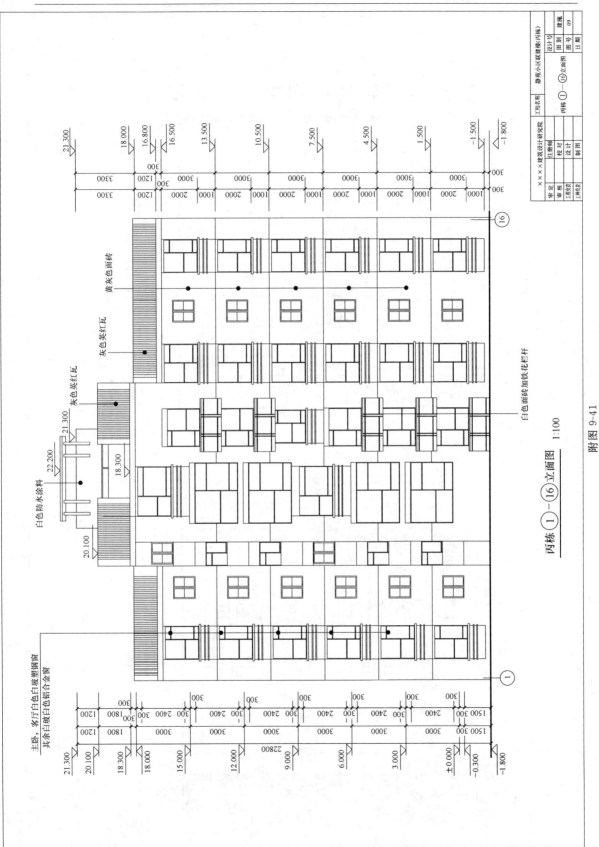

丙栋 ①—⑯ 立面图 1:100

附图 9-41

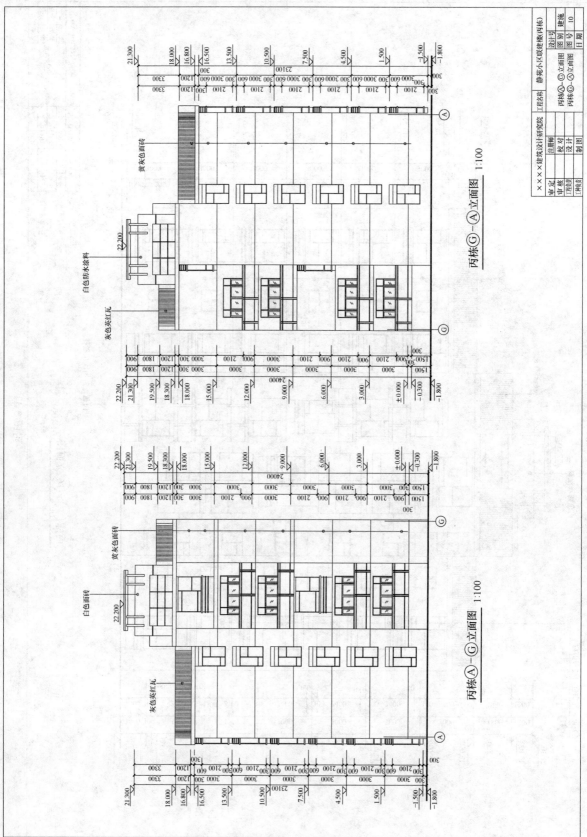

附图 9-42

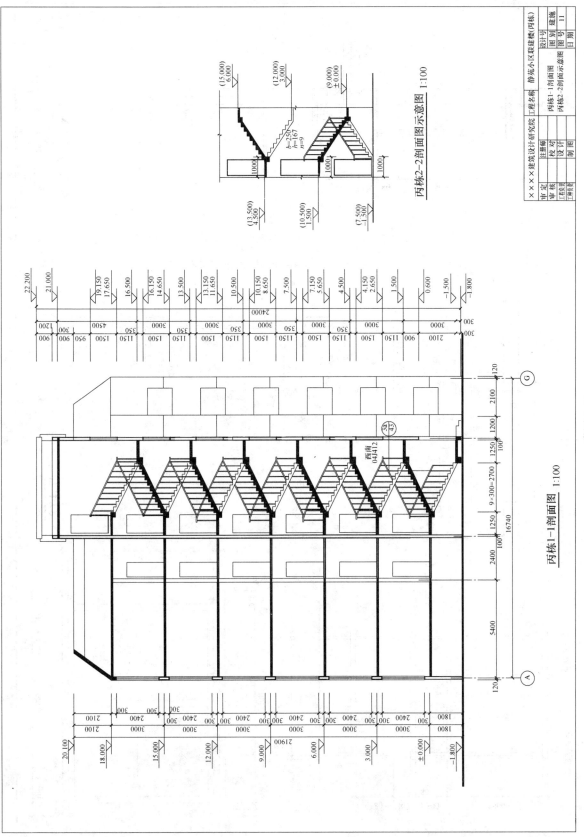

丙栋2-2剖面图示意图 1:100

丙栋1-1剖面图 1:100

附图 9-43

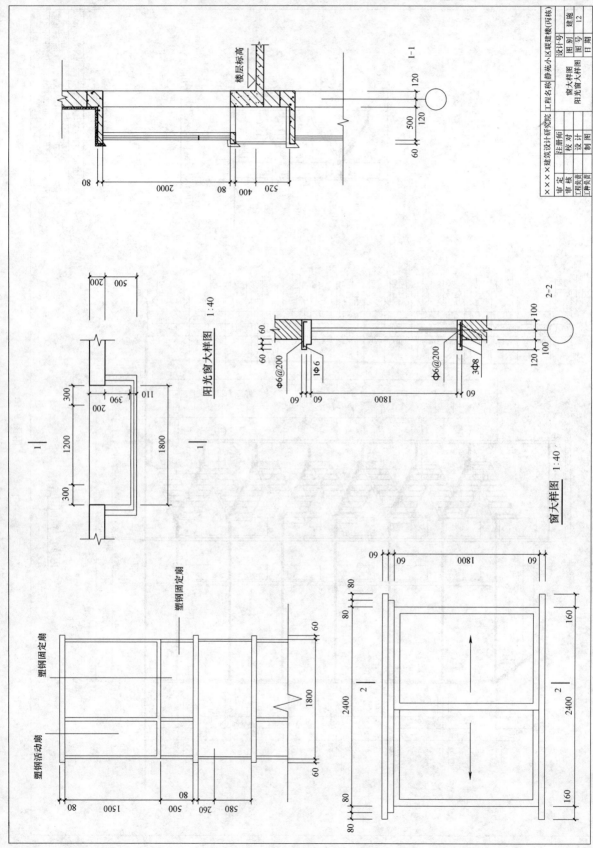

附图 9-44

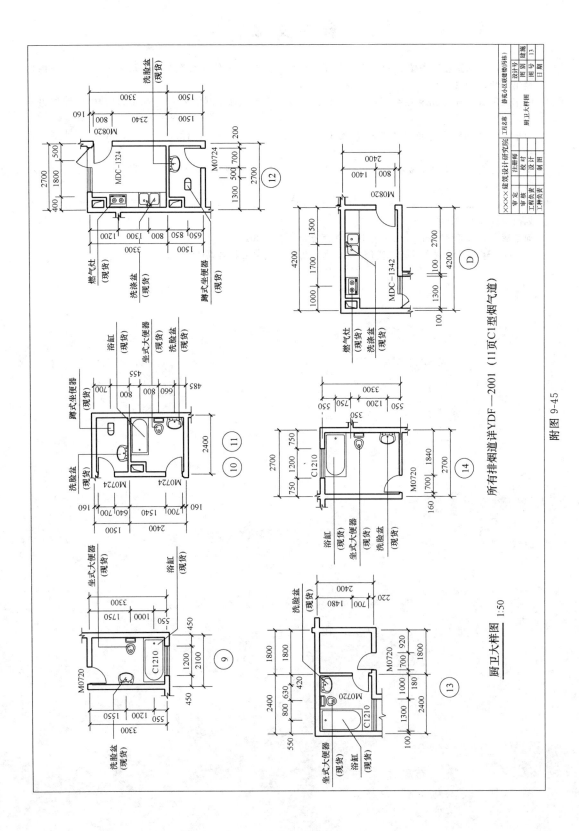

所有排烟道详 YDF—2001（11 页 C1 型烟气道）

厨卫大样图 1:50

附图 9-45

参 考 文 献

[1] 中华人民共和国住房和城乡建设部. GB/T 50001—2010. 房屋建筑制图统一标准 [S]. 北京：中国计划出版社，2011.

[2] 中华人民共和国住房和城乡建设部. GB/T 50103—2010. 总图制图标准 [S]. 北京：中国计划出版社，2011.

[3] 中华人民共和国住房和城乡建设部. GB/T 50104—2010. 建筑制图标准 [S]. 北京：中国计划出版社，2011.

[4] 中华人民共和国住房和城乡建设部. GB/T 50105—2010. 建筑结构制图标准 [S]. 北京：中国计划出版社，2011.

[5] 中华人民共和国住房和城乡建设部. GB/T 50106—2010. 建筑给水排水制图标准 [S]. 北京：中国计划出版社，2011.

[6] 何培斌. 土木工程制图. 北京：中国建筑工业出版社，2012.

[7] 何培斌. 建筑设计制图基础与实例. 第二版. 北京：化学工业出版社，2010.